essentials

Essentials liefern aktuelles Wissen in konzentrierter Form. Die Essenz dessen, worauf es als „State-of-the-Art" in der gegenwärtigen Fachdiskussion oder in der Praxis ankommt. *Essentials* informieren schnell, unkompliziert und verständlich

- als Einführung in ein aktuelles Thema aus Ihrem Fachgebiet
- als Einstieg in ein für Sie noch unbekanntes Themenfeld
- als Einblick, um zum Thema mitreden zu können

Die Bücher in elektronischer und gedruckter Form bringen das Fachwissen von Springerautor*innen kompakt zur Darstellung. Sie sind besonders für die Nutzung als eBook auf Tablet-PCs, eBook-Readern und Smartphones geeignet. *Essentials* sind Wissensbausteine aus den Wirtschafts-, Sozial- und Geisteswissenschaften, aus Technik und Naturwissenschaften sowie aus Medizin, Psychologie und Gesundheitsberufen. Von renommierten Autor*innen aller Springer-Verlagsmarken.

Rüdiger Stegen

Häufigkeiten, Verteilungen, Mittelwerte und Co.

Grundlagen der beschreibenden Statistik etwas anders dargestellt und erklärt

 Springer Spektrum

Rüdiger Stegen
Braunschweig, Deutschland

ISSN 2197-6708 ISSN 2197-6716 (electronic)
essentials
ISBN 978-3-662-70805-7 ISBN 978-3-662-70806-4 (eBook)
https://doi.org/10.1007/978-3-662-70806-4

Die Deutsche Nationalbibliothek verzeichnet diese Publikation in der Deutschen Nationalbibliografie; detaillierte bibliografische Daten sind im Internet über https://portal.dnb.de abrufbar.

© Der/die Herausgeber bzw. der/die Autor(en), exklusiv lizenziert an Springer-Verlag GmbH, DE, ein Teil von Springer Nature 2025

Das Werk einschließlich aller seiner Teile ist urheberrechtlich geschützt. Jede Verwertung, die nicht ausdrücklich vom Urheberrechtsgesetz zugelassen ist, bedarf der vorherigen Zustimmung des Verlags. Das gilt insbesondere für Vervielfältigungen, Bearbeitungen, Übersetzungen, Mikroverfilmungen und die Einspeicherung und Verarbeitung in elektronischen Systemen.
Die Wiedergabe von allgemein beschreibenden Bezeichnungen, Marken, Unternehmensnamen etc. in diesem Werk bedeutet nicht, dass diese frei durch jede Person benutzt werden dürfen. Die Berechtigung zur Benutzung unterliegt, auch ohne gesonderten Hinweis hierzu, den Regeln des Markenrechts. Die Rechte des/der jeweiligen Zeicheninhaber*in sind zu beachten.
Der Verlag, die Autor*innen und die Herausgeber*innen gehen davon aus, dass die Angaben und Informationen in diesem Werk zum Zeitpunkt der Veröffentlichung vollständig und korrekt sind. Weder der Verlag noch die Autor*innen oder die Herausgeber*innen übernehmen, ausdrücklich oder implizit, Gewähr für den Inhalt des Werkes, etwaige Fehler oder Äußerungen. Der Verlag bleibt im Hinblick auf geografische Zuordnungen und Gebietsbezeichnungen in veröffentlichten Karten und Institutionsadressen neutral.

Springer Spektrum ist ein Imprint der eingetragenen Gesellschaft Springer-Verlag GmbH, DE und ist ein Teil von Springer Nature.
Die Anschrift der Gesellschaft ist: Heidelberger Platz 3, 14197 Berlin, Germany

Wenn Sie dieses Produkt entsorgen, geben Sie das Papier bitte zum Recycling.

Was Sie in diesem *essential* finden können

- Warum einige grundlegende Begriffe der Statistik und der Informatik etwas Ähnliches beschreiben
- Warum es sinnvoll ist, Häufigkeiten analog zu Wahrscheinlichkeiten auf Mengen zu beziehen
- Warum hypergeometrische Verteilungen und Binomialverteilungen mit relativen Häufigkeiten statt mit Wahrscheinlichkeiten einfacher, klarer und allgemeiner sind
- Wie die verschiedenen Mittelwerte aus praktischen Fragestellungen abgeleitet werden können
- Wie man bei Klassierungen ohne spekulative Annahmen zu unverbesserbaren Aussagen über das arithmetische Mittel kommen kann

Vorwort

Statistik hat den Ruf, unseriös zu sein, da manchmal aufgrund bestimmter Daten Schlüsse gezogen werden, die bei genauerer Betrachtung fragwürdig sind. Schon im Brockhaus-Lexikon von 1868 findet man unter dem Begriff „Statistik" (Brockhaus (1868)) die Feststellung: „… und die Gefahr falscher Schlußfolgerungen auf Grund unrichtiger Verbindung von Thatsachen so nahe liegt, daß man den paradoxen Satz aufstellen durfte: mit Hülfe der Statistik lasse sich alles beweisen, das Richtige wie das Verkehrte".

Statistischen Darstellungen sollte man also kritisch begegnen und das kann auch das betreffen, was an Schulen und Hochschulen gelehrt wird. Mir ist daher besonders wichtig, dass in diesem essential alles möglichst gut begründet und durch Beispiele verdeutlicht wird – Ausnahmen sind nur weiterführende Hinweise. Um eine möglichst leichte Verständlichkeit zu erreichen, weichen manche Darstellungen etwas von dem ab, was man in vielen Büchern findet. Beispiele dafür sind stetige Merkmale, Häufigkeiten, hypergeometrische Verteilung, Binomialverteilung, harmonisches Mittel, mittlere absolute Abweichung oder Klassierungen.

Das essential wendet sich an alle Studierenden, die sich mit Statistik befassen (müssen) und dabei nicht nur Verfahren auswendig lernen, sondern auch verstehen wollen. Es ist aber auch für Lehrende der Statistik an Schule und Hochschule hilfreich, wenn sie an anderen Sichtweisen interessiert sind.

Kommentare können Sie gerne senden an ruediger.stegen@t-online.de.

Rüdiger Stegen

Inhaltsverzeichnis

1 Einleitung 1

2 Merkmale und ihr Bezug zur Realität 3
   2.1 Ähnliche Begriffe in Statistik und Informatik 3
   2.2 Die drei Verwendungsarten von Zahlen 5
   2.3 Diskrete und stetige Merkmale 8

3 Häufigkeiten (statt Wahrscheinlichkeiten) 11
   3.1 Absolute und relative Häufigkeiten 11
   3.2 Bedingte Häufigkeiten 15
   3.3 Variation und Kombination 20
   3.4 Hypergeometrische Verteilung 27
   3.5 Binomialverteilung 32
   3.6 Interpretation als Wahrscheinlichkeit 36

4 Lagemaße – Nutzen und Probleme 39
   4.1 Arithmetisches Mittel 39
   4.2 Geometrisches Mittel 44
   4.3 Harmonisches Mittel 46
   4.4 Median 50

5 Streumaße 53

6 Klassierungen ohne spekulative Annahmen 59

Was Sie aus diesem *essential* mitnehmen können 63

Literatur 65

Einleitung 1

In Kap. 2 starten wir mit einem Vergleich ähnlicher Begriffe der Statistik und Informatik, wobei zur Veranschaulichung auch MS Excel einbezogen wird. Da es in der Statistik häufig um die Auswertung von Zahlen geht, werden anschließend die drei verschiedenen Arten der Verwendung von Zahlen beschrieben. Abhängig von der Verwendungsart sind unterschiedliche Operationen und Darstellungsformen möglich. Schließlich befassen wir uns mit diskreten und stetigen Merkmalen und begründen, warum es in der Praxis keine stetigen Merkmale geben kann.

In Kap. 3 geht es um absolute und relative Häufigkeiten. Häufigkeiten beziehen sich dabei auf Mengen, was den späteren Übergang zur Wahrscheinlichkeit besonders einfach macht. Darüber hinaus werden verschiedene Varianten der Frage „wie viele Möglichkeiten der Auswahl gibt es?" besprochen. Formeln, die man normalerweise aus der Wahrscheinlichkeitsrechnung kennt, wie der Satz von Bayes, die hypergeometrische Verteilung oder die Binomialverteilung, werden mit relativen Häufigkeiten dargestellt, was die praktische Anwendung erleichtert. Abschließend wird kurz erläutert, warum es bei Wahrscheinlichkeiten in der angewandten Stochastik zunächst nur um relative Anteile geht.

In Kap. 4 widmen wir uns den Lagemaßen arithmetisches, geometrisches und harmonisches Mittel sowie dem Median und ihren praktischen Einsatzmöglichkeiten. Das gewichtete harmonische Mittel wird dabei besonders einfach formuliert.

In Kap. 5 befassen wir uns mit Streumaßen. Streumaße beschreiben, wie dicht die Daten um einen Wert verteilt liegen. Für die mittlere absolute Abweichung wird eine besonders einfache Formel angegeben.

In Kap. 6 betrachten wir das arithmetische Mittel bei Klassierungen. Dabei werden im Gegensatz zu vielen Darstellungen weder Informationen weggelassen noch Annahmen hinzugefügt, sondern unverbesserbare exakte Intervalle für das arithmetische Mittel abgeleitet.

Merkmale und ihr Bezug zur Realität 2

2.1 Ähnliche Begriffe in Statistik und Informatik

Statistische Auswertungen werden in der Regel aufgrund der großen Datenmengen mit Computern gemacht. Es lohnt sich daher, einige grundlegende Begriffe aus der Statistik und der Informatik miteinander zu vergleichen. Da Tabellenkalkulationsprogramme wie MS Excel sehr verbreitet sind, wird Excel in den Vergleich einbezogen.

Zunächst unterscheidet man Daten und Metadaten. Zu den Daten zählt zum Beispiel eine „3", während die Metadaten dazu dienen, die Daten zu interpretieren. In diesem Fall könnte das die Anzahl Kinder, eine Hausnummer oder eine Gehaltsgruppe sein.

> **Beispiel**
>
> Als Basis nehmen wir Tab. 2.1.
>
> Die Grundgesamtheit ist die Menge aller Produkte, die ein Hersteller an einem bestimmten Ort und in einem bestimmten Zeitraum produziert hat. Merkmalsträger sind die Objekte, deren Eigenschaften man erfassen und analysieren will. Im Beispiel sind das die einzelnen Produkte, die durch ihre Produktnummer eindeutig identifiziert werden. Die Merkmale sind die relevanten Eigenschaften der Produkte, also „Produktart", „EEK" und „Anzahl" hergestellter Produkte. Dies waren bisher nur allgemeine Beschreibungen (also Metadaten), ohne dass bereits konkrete Inhalte genannt wurden.
>
> Im nächsten Schritt geht es dann um konkrete Daten. Die Merkmalsausprägungen beschreiben, welche konkreten Daten bei den jeweiligen Merkma-

Tab. 2.1 Produkte

Produktnummer	Produktart	EEK	Anzahl
1001	Kühlschrank	A	500
1002	Kühlschrank	B	400
1003	Kühlschrank	C	450
2001	Waschmaschine	A	350
2002	Waschmaschine	B	600
2003	Waschmaschine	C	200
Summe			**2500**

EEK = Energieeffizienzklasse

Tab. 2.2 Produkte mit Summen

	Kühlschränke	Waschmaschinen	Summe
EEK = A	500	350	**850**
EEK = B	400	600	**1000**
EEK = C	450	200	**650**
Summe	**1350**	**1150**	**2500**

len einschließlich des Merkmalsträgers zulässig sind. Bei „EEK" können das die Werte A bis G und bei „Anzahl" ganze Zahlen von 0 bis 999 sein. Diese Angaben werden bei der Datenerfassung geprüft, um das Risiko falscher Daten zu reduzieren. Die Sammlung aller konkreter Daten ist die Urliste, also die Inhalte der Tab. 2.1. Die Urliste ist nur einschließlich der Metadaten sinnvoll, denn sonst hätte man nur einen Berg von Zeichen, Buchstaben und Ziffern, ohne den Sinn erfassen zu können. ◄

Nimmt man nur die beiden Merkmale Produktart und EEK, so kann man die Tab. 2.2 erstellen – analog zu der aus der Schule bekannten Vierfeldertafel.

Der Vorteil dieser Darstellung ist, dass sie auch die jeweiligen Summen beinhaltet. Der Nachteil ist, dass solche Tafeln nur für zwei Merkmale darstellbar sind (hier: Produktart und EEK), während bei Tabellen der Art Tab. 2.1 beliebig viele Merkmale aufgelistet werden können.

In der Tab. 2.3 werden die entsprechenden Begriffe aus Statistik, Informatik und Excel gegenübergestellt. Die Kernaussage ist: die Begriffe unterscheiden sich, aber die damit beschriebenen Inhalte ähneln sich. Das ist nicht verwunderlich, denn sowohl in der Statistik als auch in der Informatik dienen Daten einschließlich ihrer Beschreibung als Grundlage für Auswertungen.

Tab. 2.3 Vergleich Statistik – Informatik

Statistik	Informatik	MS Excel	Beispiel
Grundgesamtheit	Dateibeschreibung	Tabellenbeschreibung	Menge der Produkte
Merkmalsträger	Objekt, ggf. identifiziert durch einen eindeutigen Schlüssel	(Oft) Überschrift der ersten Spalte	Einzelnes Produkt, identifiziert durch eine eindeutige Produktnummer oder durch die Kombination (Produktart, EEK)
Merkmal	Attribut; Feldnamen in der Datenstruktur mit Ausnahme des Schlüssels	Überschriften der (anderen) Spalten	Produktart; EEK; Anzahl
Merkmalsausprägungen	Mögliche gültige Feldinhalte (zur Überprüfung von Daten bei der Eingabe)	Kategorie (Unterpunkt von „Zellen formatieren …")	Alle gültigen Produktnummern, -arten, EEKn, Anzahlen
Urliste	Konkrete mit Daten gefüllte Datei	Konkrete mit Daten gefüllte Tabelle	Komplette „Tabelle Produkte"
Beobachtungswerte	Einzelne tatsächliche Feldinhalte	Einzelne Zelleninhalte	Die einzelnen Produktnummern, -arten, EEKn, Anzahlen

In den ersten drei Zeilen der Tabelle geht es um Informationen über die Daten, also Metadaten, während es in den weiteren Zeilen um konkrete Daten geht. Die Beispiele beziehen sich auf die Tab. 2.1.

Die Begriffe sind in der Literatur nicht immer einheitlich definiert. So kann z. B. auch die Produktnummer als Merkmal bezeichnet werden. Die Tabelle soll also nur einen ersten groben Überblick geben. In den folgenden Kapiteln werden wir uns auf die statistischen Begriffe konzentrieren.

2.2 Die drei Verwendungsarten von Zahlen

Merkmale werden oft durch Zahlen konkretisiert, sodass sich die Frage stellt, welche Verwendungsarten von Zahlen es gibt. Dazu wählen wir als Einstieg zunächst MS Excel. Klickt man bei einer Excel-Tabelle mit der rechten Maustaste auf ein Feld und wählt dann „Zellen formatieren ...", so erscheinen unter dem Reiter „Zahlen" unterschiedliche Kategorien, wie z. B. „Zahl", „Datum" oder „Text". Diese Kategorien legen fest, welche Operationen mit den Feldern möglich sind und wie die Feldinhalte dargestellt werden können.

Beispiel

Gibt man bei Excel die Ziffernfolge „04105" ein, so erscheint bei der Kategorie „Zahl" mit 0 Dezimalstellen eine rechtsbündige 4105, bei der Kategorie „Datum" 28.03.1911 (weil das der 4105. Tag ab dem 01.01.1900 ist) und bei der Kategorie „Text" eine linksbündige 04105. Die Darstellung 04105 mit führender Null ist notwendig, wenn es sich z. B. um eine Postleitzahl, eine Telefonvorwahl, eine PIN oder die Zahl eines Zahlenschlosses handelt. ◄

▶ Allgemein kann man feststellen, dass es drei unterschiedliche Verwendungsarten von Zahlen gibt, nämlich Identifikation, Bewertung und Messung.

Das schauen wir uns jetzt näher an.

Identifikation

Zahlen, die zur Identifikation von Objekten benutzt werden, sind z. B. Postleitzahlen, Personalnummern, PIN oder Telefonnummern. Solche Zahlen könnten grundsätzlich auch durch andere Zeichen ersetzt werden, da mit ihnen nicht gerechnet wird. Beispielsweise enthalten postal codes in Großbritannien auch Buchstaben, wie z. B. OX4 1YZ für einen bestimmten Bezirk von Oxford. Ferner kann man solche Zahlen zwar auf- oder absteigend sortieren, aber Rangordnungen wie bei Bewertungen – also im Sinne von „besser" oder „größer" oder ähnliches – sind nicht sinnvoll. Führende Nullen dürfen in der Regel nicht weggelassen werden, wie man bei PIN oder Telefonnummern sieht. Die Darstellung in Tabellen ist meistens wie bei Texten linksbündig.

Bewertung

Heutzutage wird alles und jedes zahlenmäßig bewertet, sei es die Glücklichkeit von Nationen mit dem World Happiness Index, das Geschäftsklima mit dem ifo-Geschäftsklimaindex, die Leistungen von Schülerinnen und Schülern durch Punkte oder Noten, die Intelligenz durch den IQ, die Qualität von Geräten durch Noten oder Punkte in Tests von Fachzeitschriften oder das Schmerzempfinden

2.2 Die drei Verwendungsarten von Zahlen

in der Medizin[1]. Die Ergebnisse sind Zahlen, die es erlauben, eine Rangordnung festzulegen, Entwicklungen zu dokumentieren oder Entscheidungen zu fällen. Rangordnungen findet man z. B. beim World Happiness Index, bei dem sich seit einigen Jahren skandinavische Staaten auf den ersten Plätzen etabliert haben. Die Bewertung des Schmerzempfindens kann dazu dienen, eine geeignete Therapie festzulegen und die Entwicklung während der Therapie zu dokumentieren. Und Schulnoten dienen unter anderem dazu, um Entscheidungen zur Versetzung oder zur Aufnahme eines Studiums zu fällen.

Bei der Berechnung einer Bewertung werden einzelne Teilaspekte gemessen oder zahlenmäßig bewertet und diese Werte dann zu einem Gesamtergebnis verdichtet. Die Auswahl der Teilaspekte sowie ihre Bewertung und Gewichtung werden von der bewertenden Person oder Institution festgelegt, ist also in der Regel nicht genormt. Daher verwundert es auch nicht, dass verschiedene Testzeitschriften bei denselben Objekten zu unterschiedlichen Bewertungen kommen.

Manchmal sind Summen einzelner Bewertungen sinnvoll, wie z. B. bei den Punkten einzelner Klausuraufgaben, während Summen von Schulnoten nicht sinnvoll sind. Oft werden auch Durchschnitte von mehreren gleichartigen Bewertungen betrachtet, wie z. B. eine Durchschnittsnote im Abitur. Weitere mathematische Operationen sind oft nicht sinnvoll.

Ein Problem bei Bewertungen ist, dass durch ihre scheinbare Exaktheit eine hohe Objektivität wie bei Messungen suggeriert wird, obwohl das tatsächlich nur eingeschränkt gegeben ist. Beispielsweise liegen im „World Happiness Report 2023" die USA mit einem Wert von 6,894 auf Platz 15, während Deutschland mit einem Wert von 6,892 Platz 16 einnimmt[2]. Die Einwohner der USA sind also ein klein wenig glücklicher als die Einwohner von Deutschland – laut diesem Report.

Messung
Messungen waren der ursprünglicher Zweck von Zahlen. „Messen" bedeutet nach DIN 1319 sinngemäß das Vergleichen mit einer Einheit, wie z. B. das Messen von Längen oder Zeiten mithilfe von Zollstock bzw. Uhr oder das einfache Abzählen

---

[1] https://www.schmerzgesellschaft.de/patienteninformationen/schmerzdiagnostik/messung-der-schmerzstaerke, Stand 20.11.2024.
[2] https://worldhappiness.report/ed/2023/world-happiness-trust-and-social-connections-in-times-of-crisis, Figure 2.1: Country Rankings by Life Evaluations in 2020–2022, Stand 20.11.2024.

von Objekten. Für Messungen gibt es im Regelfall internationale Normen sowie Geräte oder Algorithmen zur praktischen Umsetzung. Je nach Messung können komplexe mathematische Methoden sinnvoll nutzbar sein, wie Anwendungen der Differenzial- oder Integralrechnung in den Naturwissenschaften zeigen.

Welche mathematischen Methoden sinnvoll sind, hängt auch von der konkreten Situation ab, wie das folgende Beispiel zeigt.

Beispiel

Gestern hatte ich 100 € auf meinem Konto, heute sind es 150 €. Die Summe von 250 € ist keine sinnvolle Größe – wohl aber die Differenz von 50 €.

Gestern habe ich 100 € ausgegeben, heute 150 €. Die Summe von 250 € ist sinnvoll und stellt meine Gesamtausgaben für diese beiden Tage dar. ◄

2.3 Diskrete und stetige Merkmale

Diskrete Merkmale sind in der Statistik definiert als Merkmale, deren mögliche Ausprägungen man durchnummerieren kann, wie die möglichen Gesamtpunktzahlen einer Klausur oder die Namen aller Städte. Stetige Merkmale sind Merkmale, deren mögliche Ausprägungen man nicht durchnummerieren kann. Oft werden physikalische Größen wie Längen, Zeiten oder Gewichte als stetige Merkmale bezeichnet, da man annimmt, dass grundsätzlich alle Werte in einem bestimmten Intervall auftreten können. Im ersten Semester des Mathematikstudiums wird bewiesen, dass man die reellen Zahlen zwischen a und b (a < b) nicht durchnummerieren kann, weil es zu viele Werte sind – mathematisch präzise formuliert: es sind überabzählbar viele. Diskret und stetig korrespondieren also mit den mathematischen Begriffen abzählbar und überabzählbar.

Nun ist die Realität, die wir erfassen und beschreiben können, immer endlich. Wir können nur endlich viele Menschen, Wassertropfen, Farben oder Strecken wahrnehmen und beschreiben. Mit einem üblichen Geodreieck kann man nur die 140 verschiedenen Längen von 1 mm bis 140 mm oder die 180 Winkel von 1° bis 180° erfassen, mehr geht nicht. Selbst wenn man bei größeren Strecken oder Winkeln die Messung abschnittsweise mit dem Geodreieck durchführt, bleiben es immer noch nur endlich viele Abschnitte und damit auch endlich viele mögliche Längen oder Winkel. Und was für Messungen mit dem Geodreieck gilt, gilt auch für jede andere Messung oder Bewertung: es gibt in der Praxis immer nur endlich viele mögliche Werte. Analog gibt es auch nur endlich viele Namen oder beliebige andere Zeichenketten, die praktisch erfasst oder beschrieben werden können.

2.3 Diskrete und stetige Merkmale

Auch alle Computer der Welt haben nur endlich viele Bits und damit können auch nur endlich viele Zeichenketten wie Zahlen, Wörter oder anderes gespeichert und verarbeitet werden – auch bei angeblich stetigen Merkmalen wie Längen, Gewichten oder Zeiten. Merkmale sind in der Realität also immer diskret.

Aber warum definiert man in der Statistik stetige Merkmale, obwohl es sie offenbar gar nicht gibt?

Stetige Merkmale hat man nur aus Bequemlichkeit eingeführt, um zu vermeiden, dass man immer auch die jeweilige Messgenauigkeit berücksichtigen muss. Anderenfalls müsste man z. B. bei Strecken unterscheiden, ob man einen Zollstock (Genauigkeit 1 mm) oder den Kilometerzähler eines Autos (Genauigkeit 100 m) nutzt. Bei stetigen Merkmalen „schummelt" man einfach alle Zwischenwerte hinzu und erspart sich so komplizierte Fallunterscheidungen. Auch manche Methoden der Analysis, wie das Berechnen von relativen Extrema mithilfe von Ableitungen, sind für unstetige Funktionen nicht anwendbar. Wichtig ist daher bei stetigen Merkmalen, dass die scheinbar exakt berechneten Werte oft nur näherungsweise korrekt sind.

▶ Im Folgenden werden stets endliche Mengen und diskrete Merkmale vorausgesetzt.

Häufigkeiten (statt Wahrscheinlichkeiten) 3

3.1 Absolute und relative Häufigkeiten

Die Begriffe Häufigkeit und Anzahl sind mathematisch gleichwertig. Man zählt in beiden Fällen einfach nur ab, wie viele Fälle oder Objekte es mit einer bestimmten Eigenschaft gibt und erhält so eine natürliche Zahl oder Null.

In manchen Büchern wird der Begriff Häufigkeit nur im Zusammenhang mit Zufallsexperimenten definiert. Das ist aber nicht sinnvoll, wie das folgende Beispiel zeigt.

Beispiel

Die Zeichenkette 01011000 kann einerseits als Ergebnis eines achtmaligen Münzwurfs interpretiert werden, wenn man 0 für Wappen und 1 für Zahl nimmt. Andererseits ist die Zeichenkette der ASCII-Code für den Buchstaben „X"[1]. Würde man den Begriff Häufigkeit nur für Zufallsexperimente zulassen, so müsste man unterscheiden: wenn die Zeichenkette das Ergebnis von Zufallsexperimenten (Münzwurf) ist, dann ist die Häufigkeit der 0 gleich 5, anderenfalls (ASCII-Code) darf man den Begriff Häufigkeit nicht benutzen. ◄

Das Beispiel zeigt: alle Regeln müsste man zweimal formulieren, nämlich abhängig davon, ob Zufall eine Rolle spielt oder nicht – obwohl der mathematische Gehalt derselbe ist. Diese Unterscheidung ergibt mathematisch keinen Sinn.

---

[1] https://www.ascii-code.com/de, Stand 20.11.2024.

Häufigkeiten werden oft in Beziehung zu anderen Größen gesetzt. Betrachtet man die Häufigkeit von bestimmten Teilen bezogen auf ein Ganzes oder eine Gesamtheit, so spricht man von relativer Häufigkeit. Im obigen ASCII-Code besteht das Ganze aus 8 Ziffern, ein Teil davon ist die Ziffer 0. Man sagt dann bei 01011000: die absolute Häufigkeit der 0 beträgt 5, die relative Häufigkeit der 0 beträgt 5 von 8 oder kurz $\frac{5}{8}$. Das zusätzliche Adjektiv „absolut" wird dabei zur klareren Abgrenzung zur relativen Häufigkeit benutzt. Oft werden Häufigkeiten auch in eine Beziehung zu anderen Größen wie z. B. Zeit- oder Flächeneinheiten gesetzt. Beispiele dafür sind die Häufigkeit von Unfällen in Deutschland pro Jahr oder in der Logistik die Umschlagshäufigkeit pro Flächeneinheit. Solche Beziehungen werden in diesem essential nicht näher betrachtet, wir beschränken uns nur auf Beziehungen zum „Ganzen", also relative Häufigkeiten.

Als Beispiel für absolute und relative Häufigkeiten nehmen wir wieder Tab. 2.1 und erweitern sie mit den Häufigkeiten zur Tab. 3.1. Die absolute Häufigkeit gibt an, wie oft ein bestimmtes Produkt in einem bestimmten Zeitraum produziert wurde, während sich die relative Häufigkeit auf die Gesamtanzahl 2500 bezieht.

Damit man mit Häufigkeiten sinnvoll rechnen kann, müssen sie mathematisch präzise beschrieben werden. In der Literatur findet man unterschiedliche Darstellungen, aber in diesem essential wird eine Darstellung gewählt, die der Darstellung bei Wahrscheinlichkeiten entspricht. Der Übergang von relativen Häufigkeiten zu Wahrscheinlichkeiten wird so auch formal erleichtert. Da sich Wahrscheinlichkeiten in der Stochastik auf Mengen beziehen (wenn man die Kolmogoroffschen Axiome als Grundlage nimmt), wählen wir hier auch die Mengenschreibweise.

Tab. 3.1 Produkte mit Häufigkeiten

Produktnummer	Produktart	EEK	Absolute Häufigkeit	Relative Häufigkeit
1001	Kühlschrank	A	500	$\frac{500}{2500}= 20\,\%$
1002	Kühlschrank	B	400	$\frac{400}{2500}= 16\,\%$
1003	Kühlschrank	C	450	$\frac{450}{2500}= 18\,\%$
2001	Waschmaschine	A	350	$\frac{350}{2500}= 14\,\%$
2002	Waschmaschine	B	600	$\frac{600}{2500}= 24\,\%$
2003	Waschmaschine	C	200	$\frac{200}{2500}= 8\,\%$
Summe			**2500**	**100 %**

3.1 Absolute und relative Häufigkeiten

Basis ist wieder Tab. 3.1. Sie ist entstanden, indem die 2500 produzierten Geräte nach den Produktnummern (oder nach den Kombinationen der Merkmale „Produktart" und „EEK") gruppiert wurden. Dabei ist die Reihenfolge, in der die Geräte produziert wurden, egal, denn man erstellt einfach nur eine Strichliste. Eine Frage wie „wie oft kommen Kühlschränke vor?" wird dann übersetzt in „wie groß ist die absolute Häufigkeit der Produktnummern 1001, 1002, 1003?" oder kurz „wie groß ist H({1001, 1002, 1003})?". Das große H bedeutet absolute Häufigkeit, die runden Klammern hinter dem H bedeuten „von" analog zu dem aus der Schule bekannten Ausdruck „f von x" für f(x), und in die geschweiften Mengenklammern {...} packt man die Werte, nach deren Häufigkeiten gefragt wird.

H({1001, 1002, 1003}) berechnet man, indem man die einzelnen Häufigkeiten addiert.

$$H(\{1001, 1002, 1003\}) = H(\{1001\}) + H(\{1002\}) + H(\{1003\})$$
$$= 500 + 400 + 450 = 1350$$

Bei der relativen Häufigkeit h setzt man dieses Ergebnis dann in eine Beziehung zur absoluten Häufigkeit der Gesamtheit. Damit ergibt sich für die relative Häufigkeit:

$$h(\{1001, 1002, 1003\}) = \frac{H(\{1001, 1002, 1003\})}{H(\{1001, 1002, 1003, 2001, 2002, 2003\})}$$
$$= \frac{1350}{2500} = 0,54 = 54\,\%$$

Alternativ zu den Merkmalsträgern (Produktnummern) können auch die verschiedenen Merkmalskombinationen (Produktart, EEA) genutzt werden. Aus {1001, 1002, 1005} wird dann {(Kühlschrank, A), (Kühlschrank, B), (Waschmaschine, B)}. Das ist insbesondere dann sinnvoll, wenn Schlüsselbegriffe wie die Produktnummer nicht zur Verfügung stehen, sodass man die Häufigkeiten nur anhand von Merkmalen ermitteln kann.

Um Rechenregeln abzuleiten, nehmen wir ein einfaches Beispiel.

Beispiel

Basis ist Tab. 3.1. Nimmt man die Mengen
M = {1001, 1002, 1003, 2001, 2002, 2003}
R = {1003, 2001}
S = {2001, 2003}
R ∪ S = {1003, 2001} ∪ {2001, 2003} = {1003, 2001, 2003}
R ∩ S = {1003, 2001} ∩ {2001, 2003} = {2001},

so ist
$H(M) = 2500$
$H(R) = 450 + 350 = 800$
$H(S) = 350 + 200 = 550$
$H(R \cup S) = 450 + 350 + 200 = 1000$
$H(R \cap S) = 350$.

Bei $H(R \cup S)$ kommt jedes Element genau einmal vor, aber bei $H(R) + H(S)$ wird die Produktnummer 2001 doppelt berücksichtigt. $H(\{2001\}) = H(R \cap S)$ muss also bei der Summe abgezogen werden, um die Gleichheit beider Ausdrücke zu erreichen:
$$H(R \cup S) = H(R) + H(S) - H(R \cap S)$$
oder in Zahlen:
$1000 = 800 + 550 - 350$.
Teilt man die Gleichung durch $H(M)$, so ergibt sich analog für die relativen Häufigkeiten
$$h(R \cup S) = h(R) + h(S) - h(R \cap S). \blacktriangleleft$$

Es ergeben sich somit folgende Regeln.

▶ **Regeln für Häufigkeiten**
Ausgangspunkt ist eine Tabelle von Merkmalsträgern mit den verschiedenen Merkmalen einschließlich der zugehörigen absoluten und relativen Häufigkeiten.
M ist die Menge der Merkmalsträger oder die Menge aller Merkmalskombinationen (ohne die Häufigkeiten). H und h ordnen jeder Teilmenge von M die zugehörige absolute bzw. relative Häufigkeit zu. R und S seien beliebige Teilmengen von M.

Dann gelten folgende fünf Regeln:

(1) $H(R) \geq 0$
(2) $H(R \cup S) = H(R) + H(S) - H(R \cap S)$
(3) $h(R) = \frac{H(R)}{H(M)}$
(4) $h(R) \geq 0$
(5) $h(R \cup S) = h(R) + h(S) - h(R \cap S)$

Regel (1) ist klar und Regel (2) haben wir oben anhand eines Beispiels bereits hergeleitet. Regel (3) ist die Definition von relativer Häufigkeit, während die Regeln (4) und (5) aus den Regeln (1) und (2) folgen, indem man durch $H(M)$ dividiert.

Setzt man in Regel (3) $R = M$, so folgt $h(M) = 1$. Diese Regel zusammen mit den Regeln (4) und (5) entsprechen den Kolmogoroffschen Axiomen, wenn man bei den Axiomen den Begriff Wahrscheinlichkeit durch relative Häufigkeit ersetzt. Relative Häufigkeiten sind also (Kolmogoroffsche) Wahrscheinlichkeiten.

Der Nachteil der relativen Häufigkeiten ist, dass man die einzelnen absoluten Häufigkeiten nicht mehr nachvollziehen kann. Beispielsweise kann eine relative Häufigkeit von 15 % aus $\frac{3}{20}$ oder aus $\frac{243}{1620}$ entstanden sein.

Der Vorteil der relativen Häufigkeiten ist, dass man unterschiedlich große Gesamtheiten bezüglich der Häufigkeit bestimmter Eigenschaften sinnvoll vergleichen kann. Wenn ein Spieler bei 73 Strafstößen 52-mal ins Tor trifft, dann ist das annähernd dieselbe Erfolgsquote, wie wenn er bei 212 Strafstößen 151-mal trifft, nämlich 71,23 %.

Oft kann man relative Anteile in relative Häufigkeiten umwandeln, indem man einfach die zugrunde liegende Einheit zählt. Hat man z. B. einen Gesamtwinkel von 180° und einen Teilwinkel von 36°, so ist der relative Anteil gleich $\frac{36°}{180°} = \frac{1}{5} = 20\,\%$. Man kann aber auch abzählen, wie oft die Basiseinheit 1° beim Ganzen und beim Anteil vorhanden ist und kommt so auf die relative Häufigkeit von $\frac{36}{180} = \frac{1}{5} = 20\,\%$, also auf denselben Wert. Wie bei Winkeln kann man auch bei Längen, Zeiten, Flächen, Gewichten oder anderen Größen absolute und relative Anteile in absolute oder relative Häufigkeiten der jeweiligen Basiseinheit umwandeln. Insofern sind absolute und relative Häufigkeiten universell.

3.2 Bedingte Häufigkeiten

Bei bedingten Häufigkeiten legt man nicht die gesamte Häufigkeitstabelle zugrunde, sondern man wählt als Basis nur bestimmte Zeilen aus. Diese Teilmenge von Zeilen wird durch eine bestimmte Bedingung definiert, daher der Begriff „bedingte Häufigkeit". Da sich die Basis verändert, können sich auch die relativen Häufigkeiten verändern.

Beispiel

Basis ist wieder Tab. 3.1.
Die beiden Teilmengen R und S von M seien definiert durch:
  R = {2001, 2002, 2003} ist die Teilmenge der Waschmaschinen
  S = {1001, 2001} ist die Teilmenge besonders energieeffizienter Geräte
(EEK = A)

Dann ist

$$H(R) = 350 + 600 + 200 = 1150$$
$$H(S) = 500 + 350 = 850$$

Mit $H_S(R)$ bezeichnet man die absolute Häufigkeit der Waschmaschinen unter der Bedingung, dass nur besonders energieeffiziente Geräte betrachtet werden. Man betrachtet also nur den Teil von R, der auch zu S gehört, also die Schnittmenge. Dann ist

$$H_S(R) = H(R \cap S) = H(\{2001\}) = 350$$

Umgekehrt ist $H_R(S)$ die absolute Häufigkeit der besonders energieeffizienten Geräte unter der Bedingung, dass nur Waschmaschinen berücksichtigt werden. Man betrachtet also nur den Teil von S, der auch zu R gehört. Wegen

$$H_R(S) = H(S \cap R) = H(R \cap S) = H_S(R) = 350$$

sind die beiden bedingten absoluten Häufigkeiten gleich und das gilt offenbar für beliebige Mengen.

Anders ist es bei bedingten relativen Häufigkeiten, da die Häufigkeiten relativ zu den unterschiedlichen neuen Gesamtheiten S bzw. R betrachtet werden. Damit folgt gemäß Regel (3) für relative Häufigkeiten aus Abschn. 3.1:
$h_S(R)$ ist die relative Häufigkeit der Waschmaschinen unter der Bedingung, dass nur besonders energieeffiziente Geräte betrachtet werden (siehe Tab. 3.2). Die neue Grundgesamtheit ist also S und damit folgt

$$h_S(R) = \frac{H_S(R)}{H(S)} = \frac{H(R \cap S)}{H(S)} = \frac{350}{850} \approx 41{,}2\ \%$$

$h_R(S)$ ist die relative Häufigkeit der besonders energieeffizienten Geräte unter der Bedingung, dass nur Waschmaschinen berücksichtigt werden (siehe Tab. 3.3). Die neue Grundgesamtheit ist also R und damit folgt

$$h_R(S) = \frac{H_R(S)}{H(R)} = \frac{H(S \cap R)}{H(R)} = \frac{350}{1150} \approx 30{,}4\ \% \ \blacktriangleleft$$

Tab. 3.2 Tabelle zur Grundgesamtheit S

Produktnummer	Produktart	EEK	Absolute Häufigkeit	Relative Häufigkeit
1001	Kühlschrank	A	500	$\frac{500}{850} \approx 58{,}8\ \%$
2001	Waschmaschine	A	350	$\frac{350}{850} \approx 41{,}2\ \%$
Summe			**850**	**100 %**

3.2 Bedingte Häufigkeiten

Tab. 3.3 Tabelle zur Grundgesamtheit R

Produktnummer	Produktart	EEK	Absolute Häufigkeit	Relative Häufigkeit
2001	Waschmaschine	A	350	$\frac{350}{1150} \approx 30{,}4\,\%$
2002	Waschmaschine	B	600	$\frac{600}{1150} \approx 52{,}2\,\%$
2003	Waschmaschine	C	200	$\frac{200}{1150} \approx 17{,}4\,\%$
Summe			**1150**	**100 %**

Bezieht sich die bedingte Häufigkeit auf die Gesamtmenge M, so liegt keine Einschränkung vor und man lässt man den Index M weg, also

$$H_M = H \text{ und } h_M = h$$

Bei bedingten relativen Häufigkeiten wählt man üblicherweise eine Formel, in der auch auf der rechten Seite nur relative Häufigkeiten vorkommen.

▶ **Definition** Gegeben sind die Teilmengen R und S einer Gesamtmenge M mit $S \neq \emptyset$.

Die **bedingte absolute Häufigkeit** ist definiert als

$$\mathbf{H_S(R) = H(R \cap S)}$$

Die **bedingte relative Häufigkeit** ist definiert als

$$\mathbf{h_S(R) = \frac{h(R \cap S)}{h(S)}}$$

Die zweite Formel kann man aus Regel (3) für relative Häufigkeiten in Abschn. 3.1 ableiten:

$$h_S(R) = \frac{H_S(R)}{H(S)} = \frac{H(R \cap S)}{H(S)} = \frac{\frac{H(R \cap S)}{H(M)}}{\frac{H(S)}{H(M)}} = \frac{h(R \cap S)}{h(S)}$$

Falls R eine Teilmenge von S ist, so ergibt sich die aus der Schule bekannte Pfadregel bei zweistufigen Baumdiagrammen. Formal bedeutet das:
Ist R eine Teilmenge von S ($R \subset S$), so ist $R \cap S = R$ und es folgt $h_S(R) = \frac{h(R)}{h(S)}$, also

$$h(R) = h(S) \cdot h_S(R)$$

Beispiel

Basis ist Tab. 3.1. Ferner sei
S = {1001, 2001} die Teilmenge mit EEK = A; H(S) = 500 + 350 = 850
R = {1001} die Teilmenge der Kühlschränke der EEK = A; H(R) = 500.
In Abb. 3.1 ist das Baumdiagramm mit den absoluten und relativen Häufigkeiten dargestellt. h(R) kann man auf zwei Arten berechnen.

Einerseits ergibt sich wegen H(R) = 500 die relative Häufigkeit: h(R) = $\frac{500}{2500} = \frac{1}{5}$

Andererseits folgt aus der Pfadregel:

$$h(R) = h(S) \cdot h_S(R) = \frac{850}{2500} \cdot \frac{500}{850} = \frac{500}{2500} = \frac{1}{5}$$ ◄

Ein Hinweis zur Schreibweise: Manchmal schreibt man H(R|S) statt $H_S(R)$ bzw. h(R|S) statt $h_S(R)$. Das ist aber nur „Optik", gemeint ist dasselbe.

Durch eine einfache Umformung kann man den Satz von Bayes ableiten.

▶ **Satz von Bayes**

R und S seien beliebige Teilmengen von M. Dann gilt

$$h_R(S) = \frac{h(S)}{h(R)} \cdot h_S(R)$$

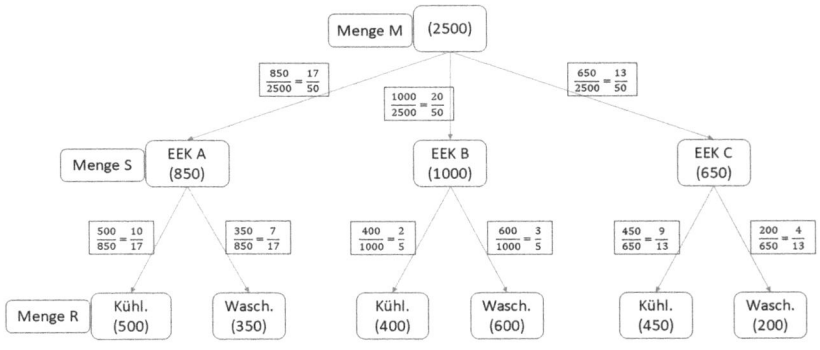

Abb. 3.1 Grafik Pfadregel

3.2 Bedingte Häufigkeiten

Dies folgt aus:

$$h_R(S) = \frac{h(S \cap R)}{h(R)} = \frac{h(S)}{h(S)} \cdot \frac{h(S \cap R)}{h(R)} = \frac{h(S)}{h(R)} \cdot \frac{h(R \cap S)}{h(S)} = \frac{h(S)}{h(R)} \cdot h_S(R)$$

Man kann also mit dem Satz von Bayes aus einer bedingten relativen Häufigkeit $h_S(R)$ die umgekehrte bedingte relative Häufigkeit $h_R(S)$ ableiten, sofern $h(R)$ und $h(S)$ bekannt sind. Im Gegensatz dazu sind – wie wir oben bereits gesehen hatten – die entsprechenden bedingten absoluten Häufigkeiten gleich:

$$H_R(S) = H_S(R)$$

Beispiel

Basis ist Tab. 3.1 aus Abschn. 3.1. Es sei
R = {2001, 2002, 2003} die Teilmenge der Waschmaschinen.
S = {1001, 2001} die Teilmenge mit EEK = A.
Dann ist

$$h(R) = \frac{350 + 600 + 200}{2500} = \frac{1150}{2500} = \frac{23}{50}$$

$$h(S) = \frac{500 + 350}{2500} = \frac{850}{2500} = \frac{17}{50}$$

$$h(R \cap S) = h(\{2001\}) = \frac{350}{2500} = \frac{7}{50}$$

$$h_S(R) = \frac{h(R \cap S)}{h(S)} = \frac{\frac{7}{50}}{\frac{17}{50}} = \frac{7}{17}$$

Mit dem Satz von Bayes folgt:

$$h_R(S) = \frac{h(S)}{h(R)} \cdot h_S(R) = \frac{\frac{17}{50}}{\frac{23}{50}} \cdot \frac{7}{17} = \frac{17}{23} \cdot \frac{7}{17} = \frac{7}{23} \approx 30{,}4\,\%$$

und das hatten wir oben auch schon herausbekommen. ◀

3.3 Variation und Kombination

Ausgangspunkt dieses Abschnittes ist die Frage: „Wie viele Möglichkeiten gibt es, eine gewisse Anzahl von Elementen mit bestimmten Eigenschaften aus einer Menge auszuwählen?". Dabei kann die Reihenfolge bei der Auswahl berücksichtigt werden oder nicht und es können dieselben Elemente mehrfach oder höchstens einmal ausgewählt werden.

Um solche Fragestellungen mathematisch behandeln zu können, benötigt man Fakultäten. Bei Fakultäten geht es um die Anzahl von Reihenfolgen von n verschiedenen Elementen.

Hat man 1 Element a, so gibt es nur eine Möglichkeit der Reihenfolge: a.

Hat man 2 Elemente a, b, so gibt es zwei Möglichkeiten der Reihenfolge: ab, ba.

Hat man 3 Elemente a, b, c, so gibt es 6 Möglichkeiten der Reihenfolge: abc, acb, bac, bca, cab, cba.

Das kann man auch so ermitteln: an der 1. Stelle gibt es genau 3 Möglichkeiten; zu jeder dieser 3 Möglichkeiten gibt es dann an der 2. Stelle nur noch 2 Möglichkeiten, macht insgesamt $3 \cdot 2$ Möglichkeiten; zu jeder dieser $3 \cdot 2$ Möglichkeiten gibt es an der 3. Stelle nur noch eine Möglichkeit, macht insgesamt $3 \cdot 2 \cdot 1 = 6$ Möglichkeiten.

Hat man 4 Elemente a, b, c, d, so gibt es 24 mögliche Reihenfolgen: an der 1. Stelle gibt es genau 4 Möglichkeiten; zu jeder dieser 4 Möglichkeiten gibt es dann an der 2. – 4. Stelle $3 \cdot 2 \cdot 1$ Möglichkeiten, wie wir im Schritt vorher bereits gesehen hatten. Also gibt es insgesamt $4 \cdot 3 \cdot 2 \cdot 1 = 24$ mögliche Reihenfolgen von 4 verschiedenen Elementen.

Dafür schreibt man kurz $4 \cdot 3 \cdot 2 \cdot 1 = 4!$.

Offenbar ist.

$2! = 2 \cdot 1! = 2 \cdot 1$.

$3! = 3 \cdot 2! = 3 \cdot 2 \cdot 1$.

$4! = 4 \cdot 3! = 4 \cdot 3 \cdot 2 \cdot 1$.

Und da man manchmal auch 0! braucht, beginnt man diese Reihe eine Zeile vorher, also

$1! = 1 \cdot 0!$

Da $1! = 1$ ist, ist nur die Definition $0! = 1$ sinnvoll.

Damit haben wir eine Grundlage für die folgende Definition geschaffen:

3.3 Variation und Kombination

▶ **Definition**
Es ist
0! = 1
Für jede natürliche Zahl n gilt:
n! = n·(n−1)!
n! wird gesprochen: „**n Fakultät**".

n! gibt die Anzahl der möglichen Reihenfolgen (auch Anordnungen oder Permutationen genannt) von n verschiedenen Objekten an.
Die Fakultäten wachsen schneller als jede Exponentialfunktion, da bei a^n (a > 1) bei wachsendem n immer nur ein konstanter Faktor a hinzukommt, während bei n! bei wachsendem n ein immer größerer Faktor hinzukommt.

Beispiel

Beim Lotto „6 aus 49" werden 6 aus 49 Zahlen gezogen, wobei eine bereits gezogene Zahl nicht noch einmal gezogen werden kann. Wie viele mögliche Ergebnisse gibt es, wenn es auf die Reihenfolge der gezogenen Zahlen nicht ankommt?
Für die erste Zahl gibt es 49 Möglichkeiten. Zu jeder der 49 ersten Zahlen bleiben dann noch 48 Möglichkeiten für die zweite Zahl übrig, macht insgesamt 49·48 Möglichkeiten. Wenn man das bis zur sechsten Zahl fortsetzt, so ergeben sich insgesamt 49·48·47·46·45·44 mögliche Ergebnisse. Bei 6 Zahlen gibt es 6! = 720 verschiedene Reihenfolgen, d. h., jede Kombination von 6 Zahlen wird 720-fach gezählt. Da es aber auf die Reihenfolge nicht ankommt, darf jede Kombination derselben Zahlen nur einmal gezählt werden. Das Ergebnis muss also noch durch 6! geteilt werden.
Beim Lotto „6 aus 49" gibt es also

$$\frac{49 \cdot 48 \cdot 47 \cdot 46 \cdot 45 \cdot 44}{6!} = \frac{(49 \cdot 48 \cdot 47 \cdot 46 \cdot 45 \cdot 44) \cdot (43 \cdot 42 \ldots \cdot 2 \cdot 1)}{6! \cdot (43 \cdot 42 \ldots \cdot 2 \cdot 1)}$$
$$= \frac{49!}{6! \cdot 43!} = \frac{49!}{6! \cdot (49-6)!}$$

mögliche verschiedene Ergebnisse.
Zur Abkürzung schreibt man

$$\frac{49!}{6! \cdot (49-6)!} = \binom{49}{6}$$ ◀

3 Häufigkeiten (statt Wahrscheinlichkeiten)

Hintergrundinformationen
Beim Lotto ist die höchste Gewinnklasse „6 Richtige mit richtiger Superzahl". Da 10 verschiedene Superzahlen 0, 1, ..., 9 möglich sind, gibt es

$$\binom{49}{6} \cdot 10 = 139.838.160 \approx 140.000.000$$

Möglichkeiten, 6 aus 49 Zahlen und dann eine aus 10 Zahlen auszuwählen. Daher gibt es beim Lotto oft den Hinweis: „Chance 1 zu 140 Millionen".

▶ **Definition** Gegeben seien die ganzen Zahlen k und n mit $0 \leq k \leq n$. Dann ist

$$\binom{n}{k} = \frac{n!}{k! \cdot (n-k)!}$$

der **Binomialkoeffizient** „n über k".

Der Begriff Binomialkoeffizient kommt daher, weil $\binom{n}{k}$ die Koeffizienten der allgemeinen binomischen Formel

$$(a+b)^n = \sum_{k=0}^{n} \binom{n}{k} a^{n-k} b^k$$

sind. Beispielsweise ist

$$(a+b)^4 = \binom{4}{0} a^4 b^0 + \binom{4}{1} a^3 b^1 + \binom{4}{2} a^2 b^2 + \binom{4}{3} a^1 b^3 + \binom{4}{4} a^0 b^4$$
$$= a^4 + 4a^3 b + 6a^2 b^2 + 4ab^3 + b^4$$

Multipliziert man

$$(a+b)^4 = (a+b) \cdot (a+b) \cdot (a+b) \cdot (a+b)$$

aus, so kommt z. B. der Summand $a^2 b^2$ genau 6-mal vor, denn man hat bei den 4 Klammern $\binom{4}{2} = 6$ Möglichkeiten, 2 Klammern auszuwählen, aus denen man jeweils ein a nimmt – aus den beiden anderen Klammern nimmt man jeweils ein b.

3.3 Variation und Kombination

Ferner sei noch angemerkt, dass die Binomialkoeffizienten zwar als Bruch definiert werden, aber vollständig kürzbar sind, sodass immer eine natürliche Zahl entsteht. Nehmen wir als Beispiel.

$$\binom{48}{5} = \frac{48 \cdot 47 \cdot 46 \cdot 45 \cdot 44}{5 \cdot 4 \cdot 3 \cdot 2 \cdot 1}.$$

Da im Zähler 5 aufeinanderfolgende natürliche Zahlen sind, ist genau eine dabei, die durch 5 teilbar ist und jeweils mindestens eine, die durch 4 bzw. durch 3 bzw. durch 2 (aber nicht durch 4) teilbar sind. Also ist der Bruch vollständig kürzbar und man erhält:

$$\binom{48}{5} = \frac{48 \cdot 47 \cdot 46 \cdot 45 \cdot 44}{5 \cdot 4 \cdot 3 \cdot 2} = \frac{45}{5} \cdot \frac{48}{4 \cdot 3} \cdot \frac{46}{2} \cdot 47 \cdot 44 = 9 \cdot 4 \cdot 23 \cdot 47 \cdot 44 = 1.712.304$$

Wir betrachten jetzt allgemein die Anzahl der Möglichkeiten, aus N Elementen n auszuwählen ($0 \leq n \leq N$). Dabei sind folgende Zusatzbedingungen zu unterscheiden:

- die Reihenfolge wird beim Ergebnis der Auswahl berücksichtigt („**Variation**") oder nicht berücksichtigt („**Kombination**")
- Elemente können nur einmal (ohne Wiederholen/ohne Zurücklegen) oder mehrmals (mit Wiederholen/mit Zurücklegen) ausgewählt werden

Die n ausgewählten Elemente werden zunächst als Vektor (e_1, e_2, ..., e_n) geschrieben und dann die entsprechenden Möglichkeiten der Auswahl und Anordnung untersucht. Statt Vektor wird auch der Begriff n-Tupel verwendet.

„Die Reihenfolge wird berücksichtigt" heißt z. B., dass (e_1, e_2) und (e_2, e_1) als zwei unterschiedliche Fälle gezählt werden. „Die Reihenfolge wird nicht berücksichtigt" heißt dann, dass (e_1, e_2) und (e_2, e_1) als ein Fall gezählt werden. In diesem Fall kann man zur einheitlichen Darstellung das Ergebnis der Auswahl nach einer festen Regel umsortieren, also z. B. nach aufsteigenden Indexzahlen oder aufsteigender Größe.

Beispiel

Es wird mit einem Würfel dreimal gewürfelt. Das Ergebnis wird als 3-Tupel oder Vektor (e_1, e_2, e_3) notiert. Berücksichtigt man die Reihenfolge, so heißt das, dass z. B. (1, 3, 3), (3, 1, 3) und (3, 3, 1) zu unterscheiden sind. Berücksichtigt man die Reihenfolge nicht, so heißt das, dass (1, 3, 3), (3, 1, 3) und (3, 3, 1) als gleich angesehen werden und z. B. durch (1, 3, 3) repräsentiert werden. ◄

Fall 1: Reihenfolge wird nicht berücksichtigt (Kombination) ohne Wiederholung
Die Anzahl der Möglichkeiten beträgt:

$$\binom{N}{n}$$

Beweis:
Diesen Fall hatten wir bereits beim Lotto analysiert. Also muss nur „n aus N" statt „6 aus 49" und damit $\binom{N}{n}$ statt $\binom{49}{6}$ genommen werden.

Fall 2: Reihenfolge wird berücksichtigt (Variation) ohne Wiederholung
Die Anzahl der Möglichkeiten beträgt:

$$\frac{N!}{(N-n)!}$$

Beweis:
Im Fall 1 gab es bei der Auswahl nur eine Reihenfolge, jetzt aber gibt es für jede Auswahl n! verschiedene Reihenfolgen. Also muss das Ergebnis von Fall 1 nur mit n! multipliziert werden und man erhält

$$\binom{N}{n} \cdot n! = \frac{N!}{(N-n)! \cdot n!} \cdot n! = \frac{N!}{(N-n)!}$$

Oder man schaut sich das Beispiel Lotto nochmal an und spart sich die Division durch 6!, also allgemein durch n! und erhält direkt $\frac{N!}{(N-n)!}$.

Beispiel

Unter 10 Personen werden 4 Gewinne verlost. In einer Lostrommel sind 10 Lose mit den Namen der Teilnehmer. Auf das 1. gezogene Los fällt der 1. Preis, ..., auf das 4. gezogene Los fällt der 4. Preis. Nach der Ziehung eines Loses wird das Los nicht wieder in den Korb zurückgelegt, jedes Los und damit jede Person gewinnt höchstens einmal.

3.3 Variation und Kombination

Dann gibt es

$$10 \cdot 9 \cdot 8 \cdot 7 = \frac{10 \cdot 9 \cdot 8 \cdot 7 \cdot 6 \cdot 5 \cdot 4 \cdot 3 \cdot 2 \cdot 1}{6 \cdot 5 \cdot 4 \cdot 3 \cdot 2 \cdot 1} = \frac{10!}{6!} = \frac{10!}{(10-4)!} = 5040$$

Möglichkeiten, wie die 4 Gewinne unter die 10 Personen verteilt werden können oder ausführlich:
Für den 1. Preis gibt es 10 mögliche Gewinner. Zu jedem dieser 10 möglichen Gewinner gibt es dann für den 2. Preis noch 9 mögliche Gewinner, das sind insgesamt $10 \cdot 9 = 90$ Möglichkeiten. Setzt man das zwei Schritte weiter fort, so ergeben sich schließlich $10 \cdot 9 \cdot 8 \cdot 7 = 5040$ Möglichkeiten. ◄

Fall 3: Reihenfolge wird nicht berücksichtigt (Kombination) mit Wiederholung
Die Anzahl der Möglichkeiten beträgt:

$$\binom{N + n - 1}{n}$$

Beweis:
Die Formel wird im folgenden Beispiel hergeleitet. Der allgemeine Beweis verläuft analog.

Beispiel

Es wird viermal gewürfelt. Dann ist $N = 6$ (die sechs möglichen Augenzahlen) und $n = 4$. Die Ergebnisse der einzelnen Würfe werden aufsteigend sortiert und in eine gymnastische Übung kodiert.

Gegeben sei eine Treppe mit 6 Stufen, wobei Stufe 1 ebenerdig ist. Für jede gewürfelte 1 wird nun eine Kugel auf die 1. Treppenstufe gelegt, ..., für jede gewürfelte 6 wird eine Kugel auf die 6. Treppenstufe gelegt. Ferner gibt es 2 Arten von Anstrengungen:
B = „Bücken und eine Kugel aufheben"
und
S = „Eine Treppenstufe hochsteigen".
Geht man die Treppe bis zur 6. Stufe hoch und sammelt dabei alle Kugeln ein, so sind die Anstrengungen unter Berücksichtigung ihrer Reihenfolge eine eindeutige Kodierung der 4 gewürfelten Zahlen und umgekehrt:
Wurde z. B. 1, 3, 3, 4 gewürfelt (siehe Abb. 3.2), so folgt eindeutig die gymnastische Übung (B, S, S, B, B, S, B, S, S):
Anstrengung 1: B, da man eine 1 aufheben muss.

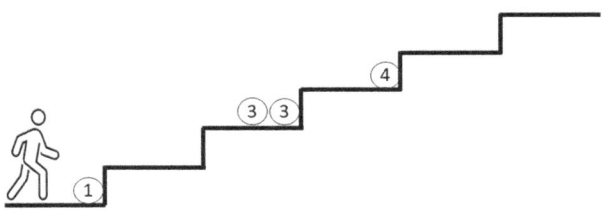

Abb. 3.2 Grafik Gymnastische Übung

Anstrengung 2: S, da es keine weiteren 1en gibt. Man befindet sich jetzt auf der Treppenstufe für die 2en.
Anstrengung 3: S, da es keine 2en gibt. Man befindet sich jetzt auf der Treppenstufe für die 3en.
Anstrengung 4: B, da man eine 3 aufheben muss.
Anstrengung 5: B, da man die zweite 3 aufheben muss.
Usw.

Umgekehrt folgt eindeutig aus der gymnastischen Übung (B, S, S, B, B, S, B, S, S), dass 1, 3, 3, 4 gewürfelt wurde. Es gibt also genauso viele Ziffernkombinationen wie gymnastische Übungen.

Das Problem lautet dann anders formuliert: wie viele verschiedene gymnastische Übungen gibt es?

Jede gymnastische Übung besteht aus 5 S (nämlich von 1. Stufe zu 6. Stufe) und 4 B (da es 4 Kugeln sind), also insgesamt $5+4=9$ Anstrengungen. Jeder Vektor aus 5 S und 4 B bildet eine mögliche gymnastische Übung und umgekehrt. In diesem Vektor gibt es $\binom{5+4}{4}$ Stellen für die 4 B, die anderen Stellen werden dann mit S besetzt. Es gibt also $\binom{5+4}{4}$ gymnastische Übungen. Allgemein nimmt man $N-1$ statt der 5 und n statt der 4, sodass es $\binom{N-1+n}{n}$ Möglichkeiten gibt. ◄

Beispiel

Mit einem Würfel werde fünfmal gewürfelt. Die Reihenfolge der Ergebnisse der einzelnen Würfe ist egal, dieselbe Augenzahl kann mehrfach vorkommen. Alternativ kann auch wie beim Spiel „Kniffel" (auch Yahtzee genannt) mit fünf Würfeln auf einmal gewürfelt werden.

3.4 Hypergeometrische Verteilung

Dann ist $N=6$ die Anzahl der möglichen Einzelergebnisse und $n=5$ die Anzahl der Auswahlen, die durch die 5 voneinander unabhängigen Würfe bzw. Würfel repräsentiert werden. Dann ist die Anzahl der möglichen Ergebnisse gleich $\binom{N-1+n}{n} = \binom{6-1+5}{5} = \binom{10}{5} = 252$. Es gibt also beim Spiel „Kniffel" 252 mögliche Ergebnisse bei einem Wurf mit 5 Würfeln. ◄

Fall 4: Reihenfolge wird berücksichtigt (Variation) mit Wiederholung
Die Anzahl der Möglichkeiten beträgt:

$$N^n$$

Beweis:
Da es in dem Vektor $(e_1, e_2, \ldots, e_n)$ an jeder der n Stellen unabhängig voneinander N Möglichkeiten gibt, sind das insgesamt $N \cdot N \cdot \ldots \cdot N = N^n$ Möglichkeiten.

Beispiel

Beim „Spiel 77" werden die Ziffern einer siebenstelligen Zahl gezogen, wobei jede der zehn Ziffern auch mehrmals vorkommen kann. Es gibt also $10^7 = 10.000.000$ Möglichkeiten.
 Beim n-fachen Würfeln gibt es 6^n mögliche Ergebnisse.
 Beim n-fachen Münzwurf gibt es 2^n mögliche Ergebnisse, wenn man nur Wappen oder Zahl (aber nicht Rand) zulässt. ◄

Mathematisch ist es egal, ob man einen Versuch mehrfach parallel oder hintereinander durchführt, sofern sich die Versuche nicht gegenseitig beeinflussen. Es ist z. B. egal, ob man mit fünf unterscheidbaren Würfeln gleichzeitig würfelt oder ob man mit einem Würfel fünfmal hintereinander würfelt. Man kann z. B. festlegen: Würfel-1 (rot) entspricht dem ersten Wurf, Würfel-2 (grün) entspricht dem 2. Wurf, usw. In beiden Fällen gibt es 6^5 mögliche Ergebnisse, wenn man die Farben bzw. die Wurfnummer berücksichtigt (siehe Fall 4 oben).

3.4 Hypergeometrische Verteilung

Gegeben ist eine Menge von Elementen, von denen einige eine bestimmte Eigenschaft haben und andere nicht. Die Frage ist dann: wie viele Möglichkeiten gibt es, dass bei einer Auswahl von n verschiedenen Elementen genau k die gegebene Eigenschaft haben? In diesem Abschnitt werden nur die Fälle 1 und 2 aus Abschn. 3.3 berücksichtigt.

Beispiel

Vorausgesetzt ist Fall 1 aus Abschn. 3.3. Wir wählen als Beispiel eine etwas modifizierte Lottoversion. Gegeben sind 49 durchnummerierte Kugeln, wobei genau 8 Kugeln das Merkmal „richtig" und 41 Kugeln das Merkmal „falsch" tragen. Aus diesen 49 Kugeln werden 6 Kugeln ausgewählt, also ein möglicher Tipp. Um die Häufigkeiten berechnen zu können, nehmen wir die Tab. 3.4. Jedes Ergebnis der Auswahl von 6 Zahlen lässt sich als 6-Tupel (e_1, e_2, e_3, e_4, e_5, e_6) schreiben. Da es auf die Reihenfolge nicht ankommt, wird festgelegt, dass zuerst richtige, dann falsche Zahlen im 6-Tupel jeweils aufsteigend sortiert positioniert werden. Analog zum normalen Lotto 6 aus 49, wo man hinterher nicht erkennen kann, in welcher Reihenfolge die Zahlen gezogen wurden, da sie immer aufsteigend sortiert präsentiert werden.

Die absolute Häufigkeit kann dann bezogen auf den Merkmalsträger „Anzahl Richtige" oder bezogen auf die Merkmalskombinationen P1 bis P6 (Position 1 bis 6 im 6-Tupel) formuliert werden. Genau 4 Richtige kann man dann formal als H({4}) oder entsprechend H({(R, R, R, R, F, F)}) formulieren, wobei wir im Folgenden die erste Version nehmen.

Um H({4}) berechnen zu können, müssen wir nur zweimal die Formel aus Fall 1 anwenden: es gibt $\binom{8}{4} = 70$ Möglichkeiten, um aus den 8 richtigen Zahlen 4 auszuwählen. Zu jeder dieser 70 Möglichkeiten gibt es $\binom{41}{2} = 820$ Möglichkeiten, um aus den 41 falschen Zahlen 2 auszuwählen, macht insgesamt

$$H(\{4\}) = \binom{8}{4} \cdot \binom{41}{2} = 70 \cdot 820 = 57.400$$

Möglichkeiten für 4 Richtige plus 2 Falsche. Analog kann man die anderen absoluten Häufigkeiten in der Tabelle berechnen.

Es gibt $\binom{49}{6} = 13.983.816$ Möglichkeiten, aus 49 Zahlen 6 auszuwählen.

Diesen Wert erhält man auch, wenn man in Tab. 3.4 alle Einzelwerte addiert. Dann ist

3.4 Hypergeometrische Verteilung

Tab. 3.4 Fall 1

Anzahl Richtige	P1	P2	P3	P4	P5	P6	Absolute Häufigkeit
6	R	R	R	R	R	R	$H(\{6\}) = \binom{8}{6} \cdot \binom{41}{0} = 28$
5	R	R	R	R	R	F	$H(\{5\}) = \binom{8}{5} \cdot \binom{41}{1} = 2296$
4	R	R	R	R	F	F	$H(\{4\}) = \binom{8}{4} \cdot \binom{41}{2} = 57.400$
3	R	R	R	F	F	F	$H(\{3\}) = \binom{8}{3} \cdot \binom{41}{3} = 596.960$
2	R	R	F	F	F	F	$H(\{2\}) = \binom{8}{2} \cdot \binom{41}{4} = 2835.560$
1	R	F	F	F	F	F	$H(\{1\}) = \binom{8}{1} \cdot \binom{41}{5} = 5995.184$
0	F	F	F	F	F	F	$H(\{0\}) = \binom{8}{0} \cdot \binom{41}{6} = 4496.388$
Summe							$\binom{49}{6} = 13.983.816$

Die erste Spalte gibt die Anzahl Richtige an den Positionen P1 bis P6 im 6-Tupel (e_1, e_2, e_3, e_4, e_5, e_6) an. In den folgenden Spalten bedeutet R = „Richtig", F = „Falsch"

$$h(\{4\}) = \frac{\binom{8}{4} \cdot \binom{41}{2}}{\binom{49}{6}} = \frac{57.400}{13.983.816}$$

Beim richtigen „Lotto 6 aus 49" mit 6 richtigen und 43 falschen Zahlen hat man analog

$$h(\{4\}) = \frac{\binom{6}{4} \cdot \binom{43}{2}}{\binom{49}{6}} = \frac{13.545}{13.983.816}$$

Dabei gibt es noch eine einstellige Superzahl, sodass man zusätzlich in 9 von 10 Fällen eine falsche Superzahl hat. Dann ergibt sich für „4 Richtige mit falscher Superzahl"

$$h(\{4\}) \cdot \frac{9}{10} = \frac{13.545}{13.983.816} \cdot \frac{9}{10} \approx \frac{1}{1147}$$

Deshalb steht auf der entsprechenden Lottoseite bei Anzahl Richtige = 4: „Chance 1 zu 1147"[2]. ◄

Beispiel

Jetzt wenden wir Fall 2 aus Abschn. 3.3 auf das Beispiel mit der modifizierten Lottoversion an
  Da es für jedes 6-Tupel von verschiedenen Zahlen genau 6! verschiedene Reihenfolgen gibt, müssen die einzelnen Werte in der Tab. 3.4 einfach nur mit 6! = 720 multipliziert werden. Damit ergibt sich im Fall 2 für „genau 4 Richtige":

$$H(\{4\}) = \binom{8}{4} \cdot \binom{41}{2} \cdot 6! = 70 \cdot 820 \cdot 720 = 41.328.000$$

$$h(\{4\}) = \frac{\binom{8}{4} \cdot \binom{41}{2} \cdot 6!}{\binom{49}{6} \cdot 6!} = \frac{57.400}{13.983.816} \blacktriangleleft$$

Analog zu diesen Beispielen kann man die allgemeinen Formeln unmittelbar herleiten.
  Man hat eine Urne mit N Kugeln, wobei M Kugeln „richtig" und N − M Kugeln „falsch" sind. Damit die Kugeln unterscheidbar sind, werden sie durchnummeriert.
  Man wählt ohne Wiederholung (Fälle 1 und 2 aus Abschn. 3.3) n Kugeln aus der Urne aus. Die Frage ist: wie groß sind die absolute und die relative Häufig-

---

[2] https://www.lotto.de/lotto-6aus49/info/gewinnwahrscheinlichkeit, Stand: 20.11.2024.

3.4 Hypergeometrische Verteilung

keit dafür, dass bei dieser Auswahl genau k Kugeln richtig sind – kurz H({k}) und h({k})? Man muss also nur in den Beispielen oben 49 durch N, 8 durch M, 6 durch n und 4 durch k ersetzen. Da M und n im Allgemeinen verschieden sind, wurden auch im Beispiel mit dem modifizierten Lotto unterschiedliche Zahlen gewählt.

Im Fall 1 (ohne Berücksichtigung der Reihenfolge, ohne Wiederholung) sind die Häufigkeiten:

$$H(\{k\}) = \binom{M}{k} \cdot \binom{N-M}{n-k}$$

$$h(\{k\}) = \frac{\binom{M}{k} \cdot \binom{N-M}{n-k}}{\binom{N}{n}}$$

Im Fall 2 (mit Berücksichtigung der Reihenfolge, ohne Wiederholung) sind die Häufigkeiten:

$$H(\{k\}) = \binom{M}{k} \cdot \binom{N-M}{n-k} \cdot n!$$

$$h(\{k\}) = \frac{\binom{M}{k} \cdot \binom{N-M}{n-k} \cdot n!}{\binom{N}{n} \cdot n!} = \frac{\binom{M}{k} \cdot \binom{N-M}{n-k}}{\binom{N}{n}}$$

Hypergeometrische Verteilung
Gegeben ist eine Grundgesamtheit mit N Merkmalsträgern (eine Menge mit N Elementen), von denen M eine vorgegebene Eigenschaft haben. Diese Eigenschaft wird durch die Ausprägungen einer oder mehrerer Merkmale beschrieben. Es werden alle möglichen Auswahlen von genau n Merkmalsträgern ohne Wiederholungen betrachtet.

Ferner sei

$$0 \leq M \leq N,\ 0 \leq n \leq N,\ 0 \leq k \leq n,\ 0 \leq k \leq M.$$

Dann ist

$$h(\{k\}) = \frac{\binom{M}{k} \cdot \binom{N-M}{n-k}}{\binom{N}{n}}$$

die relative Häufigkeit der Auswahlen von n Merkmalsträgern, von denen genau k die vorgegebene Eigenschaft haben, bezogen auf die Gesamtanzahl der Auswahlen von n Merkmalsträgern. Es kommt dabei nicht darauf an, ob mit oder ohne Berücksichtigung der Reihenfolge ausgewählt wird.

Die Gleichung für h({k}) heißt **hypergeometrische Verteilung**.

3.5 Binomialverteilung

Jetzt betrachten wir Fall 4 aus Abschn. 3.3, also mit Berücksichtigung der Reihenfolge und mit Wiederholung. Einfache Beispiele sind das mehrfache Würfeln oder der mehrfache Münzwurf.

Beispiel

Beim 100-maligen Würfeln gibt es gemäß Abschn. 3.3, Fall 4, genau 6^{100} mögliche Ergebnisse.

Die Augenzahlen 1 und 2 seien „richtig", die Augenzahlen 3, 4, 5, 6 seien „falsch". Die Frage ist: wie groß sind die Häufigkeiten der Ergebnisse mit genau k ($0 \leq k \leq 100$) richtigen Augenzahlen?

Ein Ergebnis schreiben wir als 100-Tupel, also als Vektor mit 100 Komponenten wie z. B. (3, 3, 6, ..., 2, 1, 5). Es gibt gemäß Vorgabe genau k Stellen im 100-Tupel, an denen richtige Augenzahlen sind, an den anderen 100 − k Stellen sind falsche Augenzahlen.

Es gibt genau $\binom{100}{k}$ Möglichkeiten, um aus den 100 Stellen eines 100-Tupels k Stellen auszuwählen. Hat man eine solche Auswahl getroffen, dann gibt es an jeder dieser k Stellen genau 2 Möglichkeiten für eine richtige Augenzahl, näm-

3.5 Binomialverteilung

lich eine 1 oder eine 2. Also gibt es bei jeder Auswahl der k Stellen 2^k Möglichkeiten, wie man an diesen Stellen die 1en und 2en verteilt. Da es 4 falsche Augenzahlen gibt, gibt es für die verbleibenden (100 − k) Stellen genau 4^{100-k} Möglichkeiten, wie man dort die falschen vier Augenzahlen 3, 4, 5, 6 verteilt.

Insgesamt gibt es also

$$H(\{k\}) = \binom{100}{k} \cdot 2^k \cdot 4^{100-k}$$

verschiedene 100-Tupel, bei denen an genau k Stellen eine 1 oder eine 2 und damit an den verbliebenen 100 − k Stellen eine 3, 4, 5 oder 6 ist.

Für k = 3 ergibt sich: es gibt $\binom{100}{3} = 161.700$ Möglichkeiten, 3 Stellen für richtige Augenzahlen bei einem 100-Tupel zu markieren. An diesen 3 Stellen kann man dann 1-1-1, 1-1-2, 1-2-1, 1-2-2, 2-1-1, 2-1-2, 2-2-1 oder 2-2-2 als richtige Augenzahlen nehmen. Das sind $8 = 2^3$ Möglichkeiten bei jeder der 161 700 möglichen 100-Tupel. Analog gibt es für die verbleibenden 97 Stellen 4^{97} Möglichkeiten, die Zahlen 3, 4, 5 oder 6 unterzubringen. Insgesamt gibt es also

$$H(\{3\}) = \binom{100}{3} \cdot 2^3 \cdot 4^{97}$$

Möglichkeiten, dass es beim 100-maligen Würfeln genau 3-mal eine richtige Zahl gibt. ◄

Nimmt man wieder N, M, n, k statt der konkreten Zahlen 6, 2, 100, 3 so folgt im Fall 4

$$H(\{k\}) = \binom{n}{k} \cdot M^k \cdot (N-M)^{n-k}$$

Gemäß Fall 4 gibt es insgesamt N^n Möglichkeiten. Setzt man $p = \frac{M}{N}$ und berücksichtigt $N^n = N^k \cdot N^{n-k}$, so erhält man die relative Häufigkeit

$$h(\{4\}) = \frac{\binom{n}{k} \cdot M^k \cdot (N-M)^{n-k}}{N^n} = \binom{n}{k} \cdot \left(\frac{M}{N}\right)^k \cdot \left(\frac{N-M}{N}\right)^{n-k} = \binom{n}{k} \cdot p^k \cdot (1-p)^{n-k}$$

Das Besondere bei dieser Formel ist, dass es nicht mehr darauf ankommt, wie viele richtige oder falsche Ausprägungen es gibt, sondern nur, wie groß ihr relativer Anteil bei den möglichen Ausprägungen ist.

Binomialverteilung

Gegeben sei ein Merkmal, bei dem einige Ausprägungen als richtig und die anderen als falsch gekennzeichnet werden. Der relative Anteil der richtigen Ausprägungen bezogen auf alle möglichen Ausprägungen sei p (für lateinisch pars = Anteil). Dann ist der relative Anteil der falschen Ausprägungen bezogen auf alle möglichen Ausprägungen gleich 1 − p.

Betrachtet man alle n-Tupel von Ausprägungen des Merkmals mit Berücksichtigung der Reihenfolge und mit Wiederholungen, so ist die relative Häufigkeit der n-Tupel, bei denen das richtige Merkmal genau k-mal vorkommt:

$$h(\{k\}) = \binom{n}{k} \cdot p^k \cdot (1-p)^{n-k}$$

Die Gleichung für $h(\{k\})$ heißt **Binomialverteilung**.

Hintergrundinformationen

Wächst M bei wachsendem N so mit, sodass $\frac{M}{N}$ gegen einen Grenzwert p strebt, so ergibt sich – unabhängig davon, ob die Reihenfolge berücksichtigt wird und ob mit oder ohne Wiederholung ausgewählt wird – als Grenzwert der relativen Häufigkeit die Binomialverteilung.

Beispielsweise ergibt sich für N = 100, M = 60, n = 5, k = 2.

Fall 1/2: Reihenfolge wird (nicht) berücksichtigt ohne Wiederholung (hypergeometrische Verteilung)

$$h(\{2\}) = \frac{\binom{60}{2} \cdot \binom{40}{3}}{\binom{100}{5}} = \frac{1770 \cdot 9880}{75287520} = 0,2322 \ldots$$

Fall 3: Reihenfolge wird nicht berücksichtigt mit Wiederholung (gemäß Tab. 3.5)

$$h(\{2\}) = \frac{\binom{61}{2} \cdot \binom{42}{3}}{\binom{104}{5}} = \frac{1830 \cdot 11480}{91962520} = 0,2284 \ldots$$

3.5 Binomialverteilung

Tab. 3.5 Häufigkeitsformeln

Fall	Reihen-folge	Wieder-holung	Anzahl	Absolute Häufigkeit $H(\{k\}) =$	Relative Häufigkeit $h(\{k\}) =$
1	Ohne	Ohne	$\binom{N}{n}$	$\binom{M}{k} \cdot \binom{N-M}{n-k}$	$\dfrac{\binom{M}{k} \cdot \binom{N-M}{n-k}}{\binom{N}{n}}$
2	Mit	Ohne	$\dfrac{N!}{(N-n)!}$	$\binom{M}{k} \cdot \binom{N-M}{n-k} \cdot n!$	$\dfrac{\binom{M}{k} \cdot \binom{N-M}{n-k}}{\binom{N}{n}}$
3	Ohne	Mit	$\binom{N+n-1}{n}$	$\binom{M+k-1}{k} \cdot \binom{N-M+n-k-1}{n-k}$	$\dfrac{\binom{M+k-1}{k} \cdot \binom{N-M+n-k-1}{n-k}}{\binom{N+n-1}{n}}$
4	Mit	Mit	N^n	$\binom{n}{k} \cdot M^k \cdot (N-M)^{n-k}$	$\binom{n}{k} \cdot p^k \cdot (1-p)^{n-k}$

Aus einer Gesamtheit von N Merkmalsträgern, von denen M „richtig" und N – M „falsch" sind, werden n ausgewählt. „Anzahl" ist die Anzahl der möglichen Auswahlen, „absolute Häufigkeit" ist die Anzahl der möglichen Auswahlen mit genau k „richtigen" Elementen und die „relative Häufigkeit" ist der Quotient „absolute Häufigkeit"/„Anzahl", wobei $p = \frac{M}{N}$ gesetzt wird

Fall 4: Reihenfolge wird berücksichtigt mit Wiederholung (Binomialverteilung). Es ist $p = \frac{M}{N} = 0,6$.

$$h(\{2\}) = \binom{5}{2} \cdot 0,6^2 \cdot 0,4^3 = 0,2304$$

Die Ergebnisse der Fälle 1, 2, 3 weichen um weniger als 1 % von der Binomialverteilung ab.

In Tab. 3.5 sind die Formeln des Kapitels zusammengefasst. Die Herleitung der Formeln für Fall 3 ist analog zu den Fällen 1 und 2 und wurde daher nicht explizit ausgeführt.

3.6 Interpretation als Wahrscheinlichkeit

Wahrscheinlichkeitsrechnung ist kein Teil der beschreibenden Statistik, warum also jetzt dieser Abschnitt?

Der Grund ist, dass die Wahrscheinlichkeit in der angewandten Stochastik praktisch gesehen nur eine Interpretation eines relativen Anteils ist – meistens einer relativen Häufigkeit. Kolmogoroffsche Axiome, Satz von Bayes, hypergeometrische Verteilung oder Binomialverteilung werden meistens mit dem Begriff Wahrscheinlichkeit statt relativer Anteil formuliert, obwohl es praktisch gesehen um relative Anteile geht.

Da sich die Wahrscheinlichkeit in den Kolmogoroffschen Axiomen auf Mengen bezieht, wurde die Häufigkeit in diesem essential auch auf Mengen bezogen. Damit ist die Interpretation von relativen Häufigkeiten als Wahrscheinlichkeit in Zufallsprozessen unmittelbar möglich ohne formal etwas anpassen zu müssen.

Formulierungen mit Wahrscheinlichkeit statt relativem Anteil sind oft kürzer, aber dafür auch etwas nebulös. Wenn in Aufgaben Wahrscheinlichkeiten vorausgesetzt werden, dann sollte man als erstes fragen, woher dieser Wert kommt. Im Allgemeinen ist das ein relativer Anteil. Wenn etwa in einem bestimmten Zeitraum und in einer bestimmten Region die Wahrscheinlichkeit bei 53 % liegt, dass ein Neugeborenes männlich ist, dann meint man tatsächlich, dass z. B. von 12345 Neugeborenen 6543 männlich waren, also eine relative Häufigkeit. Und dass man zusätzlich davon ausgeht, dass dieser Anteil auch in Zukunft so bestehen bleibt.

Oft wird im Zusammenhang mit Wahrscheinlichkeiten die sogenannte Zufallsvariable X verwendet. Das ist eine sehr merkwürdige Größe (siehe auch Hable

3.6 Interpretation als Wahrscheinlichkeit

(2015)). Erstens hat sie im Allgemeinen nichts mit Zufall zu tun, denn es werden einfach nur Fälle abgezählt – unabhängig davon, ob dabei der Zufall eine Rolle spielt. Zweitens wird X als Abbildung definiert und das ist etwas anderes als eine Variable, wie man schon aus der Schule weiß: bei $y = f(x)$ sind x und y Variable und f ist eine Abbildung, keine Variable. Und drittens wird dann die Zufallsvariable, die keine Variable, sondern eine Abbildung ist, als Variable benutzt, indem Ausdrücke wie $X = 4$ formuliert werden. Das wäre so, also würde man in der Schule bei Funktionen $f = 4$ statt $f(x) = 4$ schreiben. Im Folgenden ist X also einfach eine Variable, mit der etwas gezählt wird.

Beispielsweise zählt die Variable X bei hypergeometrischer Verteilung und Binomialverteilung die Häufigkeit des Auftretens von k Richtigen. Statt wie oben $h(\{k\})$ wird in der Literatur oft $P(X = k)$ verwendet, also z. B. bei der Binomialverteilung:

$$P(X = k) = \binom{n}{k} \cdot p^k \cdot (1 - p)^{n-k}$$

Wie wir gesehen haben, sind P und p praktisch gesehen relative Häufigkeiten (oder manchmal auch andere relative Anteile).

Beispiel
Die Wahrscheinlichkeit, beim idealen Würfeln mit 3 Würfeln genau zweimal eine 6 zu würfeln, ist gemäß Binomialverteilung

$$P(X = 2) = \binom{3}{2} \cdot \left(\frac{1}{6}\right)^2 \cdot \left(1 - \frac{1}{6}\right)^{3-2} = \frac{15}{216}$$

Die empirische Interpretation lautet: die Wahrscheinlichkeit $p = \frac{1}{6}$ ist die erwartete ungefähre relative Häufigkeit der Sechsen beim häufigen idealen Würfeln mit einem Würfel; die Wahrscheinlichkeit $P(X = 2) = \frac{15}{216}$ ist die erwartete ungefähre relative Häufigkeit der Tripel mit genau 2 Sechsen beim häufigen idealen Würfeln mit 3 Würfeln.

Die kombinatorische Interpretation (klassische Wahrscheinlichkeit) ist die aus Abschn. 3.5 und lautet: $p = \frac{M}{N} = \frac{1}{6}$ ist die relative Häufigkeit der 6 bei allen möglichen Augenzahlen – also bei 1, 2, 3, 4, 5, 6 –, während $P(X = 2) = h(\{2\}) = \frac{15}{216}$ die relative Häufigkeit der Tripel mit genau 2 Sechsen bezogen auf alle möglichen Tripel ist.

Die kombinatorische Interpretation ist exakte Mathematik, die empirische Interpretation ist eine Anwendung des exakten mathematischen Ergebnisses und nutzt Worte, die einer näheren Erklärung bedürfen, wie „Wahrscheinlichkeit", „erwartet", „ungefähr", „ideal", „häufig".

Wenn es also in der angewandten Stochastik um Wahrscheinlichkeiten geht, so bestimmt man zunächst relative Anteile (das ist Mathematik) und dann interpretiert man in einem zweiten Schritt diese relativen Anteile unter gewissen idealisierenden Annahmen als Wahrscheinlichkeiten in Zufallsprozessen. Diese idealisierenden Annahmen sind in der Praxis nur bedingt überprüfbar. Bei dieser Interpretation bleibt der errechnete Wert aus dem ersten Schritt unverändert, es passiert also mathematisch nichts.

Die Berechnung eines relativen Anteils (insbesondere einer relativen Häufigkeit) ist das Allgemeine, der zweite Schritt, also die Interpretation des relativen Anteils als Wahrscheinlichkeit in Zufallsprozessen, ist nur in bestimmten Beispielen sinnvoll. Die in diesem Kapitel gewählte Darstellung ist also in diesem Sinne allgemeiner als die Darstellung, die sich auf den Sonderfall Wahrscheinlichkeit bezieht.

Dieses Thema wird in den beiden essentials Stegen (2020) und Stegen (2021) ausführlich besprochen.

4 Lagemaße – Nutzen und Probleme

4.1 Arithmetisches Mittel

Beispiel

5 Personen haben Bargeld dabei, nämlich 73,50 €, 112,34 €, 23,45 €, 17,68 € und 32,53 €, also zusammen 259,50 €. Sie hätten zusammen genauso viel Geld, wenn jeder denselben Betrag von 51,90 € dabei hätte. 51,90 € ist das arithmetische Mittel der 5 verschiedenen Beträge oder anders formuliert: die 5 Personen haben durchschnittlich 51,90 € dabei.

Bezeichnet man den Durchschnittswert mit $\bar{x}$, so folgt

$$5 \cdot \bar{x} = 73,50 + 112,34 + 23,45 + 17,68 + 32,53 \; [€]$$

also

$$\bar{x} = \frac{1}{5} \cdot (73,50 + 112,34 + 23,45 + 17,68 + 32,53) = 51,90 \; [€] \blacktriangleleft$$

Daraus ergibt sich folgende allgemeine Definition.

Arithmetisches Mittel

Das **arithmetische Mittel** drückt aus, dass man bei einer Summe von n Werten $x_1, \ldots, x_n$ gleicher Maßeinheit stattdessen n-mal denselben Wert $\bar{x}$ nehmen kann, also

$$n \cdot \bar{x} = \bar{x} + \bar{x} + \ldots + \bar{x} = x_1 + x_2 + \ldots + x_n$$

Löst man die Gleichung nach $\bar{x}$ auf, so ergibt sich

$$\bar{x} = \frac{1}{n}(x_1 + x_2 + \ldots + x_n)$$

Das arithmetische Mittel $\bar{x}$ hat dieselbe Maßeinheit wie die x_i.

Man kann die Formel für $\bar{x}$ auch auf anderem Wege plausibel herleiten. Hat man nur zwei Werte, also z. B. 110 und 140, so kann man das Mittel als die Mitte auffassen. Die Mitte dieser beiden Werte ist gleich 125, denn der Abstand zur kleineren Zahl ist genauso groß wie zur größeren Zahl:

$$125 - 110 = 140 - 125$$

Bringt man alles auf die linke Seite, so ist

$$(125 - 110) + (125 - 140) = 0$$

oder für beliebige Werte x_1, x_2 mit $\bar{x}$ als Mitte

$$(\bar{x} - x_1) + (\bar{x} - x_2) = 0$$

Der Vorteil dieser Schreibweise ist, dass man sie auf n Werte verallgemeinern kann. Dann ist die Mitte $\bar{x}$ von n Größen $x_1,\ldots, x_n$ mit gleicher Maßeinheit:

$$(\bar{x} - x_1) + (\bar{x} - x_2) + \ldots + (\bar{x} - x_n) = 0$$

$$\Leftrightarrow \quad n\bar{x} - (x_1 + x_2 + \ldots + x_n) = 0$$

$$\Leftrightarrow \quad \bar{x} = \frac{1}{n}(x_1 + x_2 + \ldots + x_n)$$

In diesem Sinne ist das arithmetische Mittel von n Größen also die Mitte dieser n Größen bezüglich der Addition.

▶ Manchmal hat bereits die Summe $x_1 + x_2 + \ldots + x_n$ einen praktischen Sinn, manchmal aber auch erst das arithmetische Mittel.

Beispiel

Der Stand eines Kontos an 4 aufeinanderfolgenden Tagen ist 400 €, 300 €, 300 €, 150 €, also durchschnittlich

$$\bar{x} = \frac{1}{4}(400 + 300 + 300 + 150) = \frac{1}{4} \cdot 1150 = 287{,}50 \;[\text{€}]$$

Die Summe 1150 € ergibt keinen Sinn. ◀

4.1 Arithmetisches Mittel

Beispiel

Bei 5 Personen wurde der Intelligenzquotient festgestellt. Die Summe ergibt 590, der durchschnittliche IQ ist also $\bar{x} = \frac{1}{5} \cdot 590 = 118$. Die Summe 590 hat keinen Sinn. ◄

Beim Mittel werden sehr viele Daten auf eine einzige Zahl reduziert. In den bisherigen Beispielen war das auch nützlich, aber manchmal kann das auch zu falschen Eindrücken führen, wie die folgenden Beispiele zeigen.

Beispiel

In einem Dorf beträgt das durchschnittliche Vermögen pro Person 150.000 €, im Nachbardorf aber 800.000 €. Der Grund liegt nur darin, dass im Nachbardorf ein Millionär lebt. Würde er wegziehen, wären die Durchschnittswerte beider Dörfer ähnlich.

Bezüglich der Frage, wie gut es den Menschen beider Dörfer finanziell geht, ist die starke Abweichung der Mittelwerte irreführend, da es ihnen (mit Ausnahme des Millionärs) annähernd gleich gut geht. Bezüglich der Investitionen, die sich die Dörfer leisten können, kann das Nachbardorf aber deutlich im Vorteil sein, wenn der Millionär großzügig ist. ◄

Beispiel

Da es einige Hunde mit weniger als 4 Beinen, aber fast keine mit mehr als 4 Beinen (siamesische Zwillinge) gibt, liegt die durchschnittliche Anzahl Beine knapp unter 4. Da fast alle Hunde genau 4 Beine haben, liegen sie knapp über dem Durchschnitt. Die Aussage „fast alle Hunde haben überdurchschnittlich viele Beine" dürfte für Irritationen sorgen, obwohl sie mathematisch korrekt ist. ◄

Beispiel

Zeitliche Entwicklungen können durch Mittelwerte unerkannt bleiben. Wenn die durchschnittliche Dicke eines Gletschers in den letzten 30 Jahren 250 m betrug, dann wird dadurch nicht deutlich, dass sich dieser Wert aufgrund der Klimaerwärmung in den letzten 30 Jahren von 400 m auf 100 m verringert hat. ◄

Darüber hinaus gibt es weitere Fälle, die zeigen, dass Durchschnittswerte mit Vorsicht zu interpretieren sind[1].

Wir kommen nun zu einer Verallgemeinerung. Manchmal werden die einzelnen Werte unterschiedlich gewichtet, da sie eine unterschiedliche Bedeutung für die Gesamtbetrachtung haben.

Beispiel

In der Tab. 4.1 kann man die durchschnittliche Augenzahl durch ein arithmetisches Mittel der 100 Einzelergebnisse $x_1 = 1, x_2 = 1, \ldots, x_{100} = 6$ errechnen, also

$$\bar{x} = \frac{1}{100}(1 + \ldots + 1 + 2 + \ldots 2 + \ldots + 6 + \ldots + 6) = \frac{359}{100} = 3{,}59$$

Einfacher ist es, wenn man rechnet

$$\bar{x} = \frac{12 \cdot 1 + 20 \cdot 2 + 16 \cdot 3 + 17 \cdot 4 + 19 \cdot 5 + 16 \cdot 6}{12 + 20 + 16 + 17 + 19 + 16} = \frac{359}{100} = 3{,}59$$

Multipliziert man die Gleichung mit dem Nenner, so ergibt sich mit $x_1 = 1, x_2 = 2, \ldots, x_6 = 6$

$$12 \cdot \bar{x} + 20 \cdot \bar{x} + \ldots + 16 \cdot \bar{x} = 12 \cdot x_1 + 20 \cdot x_2 + \ldots + 16 \cdot x_6 \blacktriangleleft$$

Daraus ergibt sich folgende allgemeine Definition.

Tab. 4.1 100-maliges Würfeln

Augenzahl	Häufigkeit
1	12
2	20
3	16
4	17
5	19
6	16
Summe	**100**

---

[1] https://de.wikipedia.org/wiki/Will-Rogers-Phänomen, Stand 20.11.2024.

4.1 Arithmetisches Mittel

Gewichtetes arithmetisches Mittel
Das **gewichtete arithmetische Mittel** drückt aus, dass man bei einer gewichteten Summe von n Werten x_1, ..., x_n gleicher Maßeinheit mit den Gewichten $c_i > 0$ (i = 1, ..., n) stattdessen n-mal denselben Wert $\bar{x}_W$ nehmen kann, also.

$$c_1 \cdot \bar{x}_w + c_2 \cdot \bar{x}_w + \cdots + c_n \cdot \bar{x}_w = c_1 \cdot x_1 + c_2 \cdot x_1 + \cdots + c_n \cdot x_n$$

Löst man die Gleichung nach $\bar{x}_W$ auf, so ergibt sich

$$\bar{x}_W = \frac{c_1 \cdot x_1 + c_2 \cdot x_2 + \ldots + c_n \cdot x_n}{c_1 + c_2 + \ldots + c_n}$$

Das gewichtete arithmetische Mittel $\bar{x}_W$ hat dieselbe Maßeinheit wie die x_i.

Sind alle c_i gleich, also $c_i = c$, so erhält man das (ungewichtete) arithmetische Mittel:

$$\bar{x}_W = \frac{c \cdot x_1 + c \cdot x_2 + \ldots + c \cdot x_n}{c + c + \ldots + c} = \frac{c \cdot (x_1 + x_2 + \ldots + x_n)}{n \cdot c}$$
$$= \frac{x_1 + x_2 + \ldots + x_n}{n} = \bar{x}$$

Beispiel

In einer Testzeitschrift werden Staubsauger getestet. Dabei werden bei jedem der getesteten Modelle verschiedene Eigenschaften, wie Stromverbrauch, Lautstärke oder Handhabung, gemessen oder bewertet und dafür jeweils Noten vergeben. Da die einzelnen Eigenschaften für das Gesamtergebnis unterschiedlich wichtig sind, wird das Endergebnis als gewichtetes arithmetisches Mittel der Einzelnoten errechnet. ◄

Beispiel

Das statistische Bundesamt ermittelt monatlich den Verbraucherpreisindex. Dazu werden die Preise verschiedener Güter ermittelt und daraus ein gewichtetes arithmetisches Mittel berechnet. Die prozentuale Veränderung des Verbraucherpreisindex ist auch als **Inflationsrate** bekannt[2]. ◄

---

[2] https://www.destatis.de/DE/Themen/Wirtschaft/Preise/Verbraucherpreisindex/_inhalt. html, Stand 20.11.2024

> **Beispiel**
>
> Der Massenschwerpunkt mehrerer Punktmassen im Raum wird durch ein gewichtetes arithmetisches Mittel beschrieben[3]. ◀

Die Gewichte repräsentieren die Wichtigkeit für den Mittelwert. Beim Würfelbeispiel kann man die relativen Häufigkeiten als Gewichte nehmen, während die Gewichte beim Staubsaugertest die Einschätzung der Testenden widerspiegeln.

Manchmal wird der Begriff „gewogen" statt „gewichtet" genommen. Da man die einzelnen Werte x_i aber nicht wiegen, sondern nur gewichten kann, sollte der Begriff „gewichtet" genommen werden.

4.2 Geometrisches Mittel

> **Beispiel**
>
> Es wird Geld zu folgenden jährlichen Zinssätzen angelegt
> 1. Jahr: 1%; 2. Jahr: 1%; 3. Jahr: 1,5%; 4. Jahr: 1,8%; 5. Jahr: 2%.
>
> Die Zinsen werden am jeweiligen Jahresende dem Konto gutgeschrieben, werden also weiter verzinst (Zinseszins). Wie hoch ist der durchschnittliche Zinssatz?
>
> Die jährlichen Veränderungsfaktoren des Kapitals („Aufzinsfaktoren") sind
>
> $$x_i = 1 + \text{Zinssatz},$$
>
> also:
>
> $$x_1 = 1,01; x_2 = 1,01; x_3 = 1,015; x_4 = 1,018; x_5 = 1,02$$
>
> Das Kapital nach n Jahren sei K_n. Dann ist
>
> $$K_5 = x_1 \cdot x_2 \cdot x_3 \cdot x_4 \cdot x_5 \cdot K_0$$
>
> Der durchschnittliche Aufzinsfaktor ist der Faktor $\overline{x}_G$, der zu demselben Endkapital führt, also
>
> $$K_5 = \overline{x}_G \cdot \overline{x}_G \cdot \overline{x}_G \cdot \overline{x}_G \cdot \overline{x}_G \cdot K_0$$

---

[3] https://de.wikipedia.org/wiki/Massenmittelpunkt#Massenschwerpunkt_mehrerer_Punktmassen_im_Raum, Stand 20.11.2024

4.2 Geometrisches Mittel

Vergleicht man die beiden letzten Gleichungen, so folgt

$$x_1 \cdot x_2 \cdot x_3 \cdot x_4 \cdot x_5 = (\bar{x}_G)^5$$

also

$$\bar{x}_G = \sqrt[5]{x_1 \cdot x_2 \cdot x_3 \cdot x_4 \cdot x_5} = \sqrt[5]{1,01 \cdot 1,01 \cdot 1,015 \cdot 1,018 \cdot 1,02} \approx 1,0146$$

Der durchschnittliche Steigerungsfaktor pro Jahr ist ca. 1,0146, der durchschnittliche Zinssatz also

$$1,0146 - 1 = 0,0146 = 1,46\,\%$$

Man erhält also dasselbe Endkapital K_5, wenn man das Ausgangskapital K_0 mit einheitlich jährlich 1,46 % anstelle der 5 vorgegebenen Zinssätze verzinst. ◄

Daraus ergibt sich folgende allgemeine Definition.

Geometrisches Mittel
Das **geometrische Mittel** drückt aus, dass man bei einem Produkt von n Werten $x_1, \ldots, x_n$ gleicher Maßeinheit stattdessen n-mal denselben Wert $\bar{x}_G$ nehmen kann, also

$$(\bar{x}_G)^n = \bar{x}_G \cdot \bar{x}_G \cdot \ldots \cdot \bar{x}_G = x_1 \cdot x_2 \cdot \ldots \cdot x_n$$

Löst man die Gleichung nach $\bar{x}_G$ auf, so ergibt sich

$$\bar{x}_G = \sqrt[n]{x_1 \cdot x_2 \cdot \ldots \cdot x_n}, \; x_i \geq 0$$

Das geometrische Mittel $\bar{x}_G$ hat dieselbe Maßeinheit wie die x_i. Die Einschränkung $x_i \geq 0$ soll nur garantieren, dass unter der Wurzel nichts Negatives steht.

Das Beispiel oben zeigt, dass das geometrische Mittel insbesondere bei Veränderungsprozessen eingesetzt werden kann. Dabei hat man einen Merkmalsträger mit einem quantitativen Merkmal, das sich im Laufe der Zeit ändert. Das Merkmal wird in festen Zeitabständen gemessen. Es sei $q_i > 0$ der Messwert nach i festen Zeitabständen (i = 0, 1, …, n), q_0 ist der erste Messwert und q_n ist der letzte Messwert. $x_i = \frac{q_i}{q_{i-1}}$ ist der Veränderungsfaktor des Merkmals nach der i-ten Zeitperiode gegenüber der Vorperiode (i = 1, …, n).

Der durchschnittliche Veränderungsfaktor pro Zeiteinheit wird dann durch das geometrische Mittel

$$\bar{x}_G = \sqrt[n]{x_1 \cdot x_2 \cdot \ldots \cdot x_n} = \sqrt[n]{\frac{q_1}{q_0} \cdot \frac{q_2}{q_1} \cdot \ldots \cdot \frac{q_{n-1}}{q_{n-2}} \cdot \frac{q_n}{q_{n-1}}} = \sqrt[n]{\frac{q_n}{q_0}}$$

beschrieben. In diesem Fall sind die x_i-Werte und $\bar{x}_G$ dimensionslos, da sich die identische Dimension der q_i-Werte herauskürzt.
Im Zinsbeispiel oben ist $q_i = K_i$ das Kapital nach i Jahren.

Beispiel

Zu Beginn betrug der Kurs einer Aktie 70 €, nach 6 Jahren betrug der Kurs 50 €. Wie hoch war die durchschnittliche Wertminderung pro Jahr?
Es sei q_i der Aktienkurs nach i Jahren (i = 0, 1, ..., 6). Dann ist

$$\bar{x}_G = \sqrt[6]{\frac{q_6}{q_0}} = \sqrt[6]{\frac{50}{70}} \approx 0,94546$$

Im Durchschnitt war der Aktienkurs jedes Jahr ca. 0,94546-mal so hoch wie im Vorjahr, der Kurs fiel also um durchschnittlich $1 - 0,94546 = 0,05454 = 5,454\%$ pro Jahr. ◄

4.3 Harmonisches Mittel

Beispiel

Man fährt mit einem Auto eine Strecke gemäß Tab. 4.2. Für die gesamte Fahrt ergibt sich als Durchschnittsgeschwindigkeit

$$\bar{x}_H = \frac{\text{Gesamtstrecke}}{\text{Gesamtzeit}} = \frac{100 + 80 + 90}{2,0 + 1,0 + 1,5} = \frac{270}{4,5} = 60 [\text{km/h}]$$

Wäre man also konstant mit 60 km/h gefahren, so hätte man ebenfalls in 4,5 h eine Strecke von 270 km bewältigt.

Tab. 4.2 Autofahrt

i	b_i	c_i	x_i	Strecken bei $\bar{x}_H$	Zeiten bei $\bar{x}_H$
1	100	2,0	50	$2,0 \cdot 60 = 120$	$\frac{100}{60} = 1\frac{2}{3}$
2	80	1,0	80	$1,0 \cdot 60 = 60$	$\frac{80}{60} = 1\frac{1}{3}$
3	90	1,5	60	$1,5 \cdot 60 = 90$	$\frac{90}{60} = 1\frac{1}{2}$
Summe	270	4,5	–	270	4,5

i kennzeichnet einzelne Abschnitte einer Fahrt
b_i sind die Strecken in km
c_i sind die Zeiten in Stunden
$x_i = \frac{b_i}{c_i}$ sind die Geschwindigkeiten in km/h

4.3 Harmonisches Mittel

Die Spalte „Strecken bei $\bar{x}_H$" bedeutet: würde man in den einzelnen Zeiten c_i mit der konstanten Geschwindigkeit von $\bar{x}_H = 60$ km/h fahren, so würden sich die angegebenen Strecken $c_i \cdot \bar{x}_H$ ergeben.

Die Spalte „Zeiten bei $\bar{x}_H$" bedeutet: würde man in den einzelnen Strecken b_i mit der konstanten Geschwindigkeit von $\bar{x}_H = 60$ km/h fahren, so würde man die angegebenen Zeiten $\frac{b_i}{\bar{x}_H}$ benötigen.

Ersetzt man also in beiden Spalten die unterschiedlichen Geschwindigkeiten x_i durch $\bar{x}_H$, so ergeben sich dieselbe Gesamtstrecke und Gesamtzeit. ◄

Daraus ergibt sich folgende allgemeine Definition.

Gewichtetes harmonisches Mittel
Man hat quantitative Beobachtungswerte $b_i > 0$ und $c_i > 0$. Das **gewichtete harmonische Mittel** drückt den Durchschnittswert $\bar{x}_H$ der Größen $x_i = \frac{b_i}{c_i}$ aus. Man kann dann die Einzelquotienten x_i jeweils durch das gewichtete harmonische Mittel $\bar{x}_H$ ersetzen, um dasselbe Ergebnis bei der Summe der b_i bzw. c_i zu erzielen.

Das gewichtete harmonische Mittel ist

$$\bar{x}_H = \frac{b_1 + b_2 + \ldots + b_n}{c_1 + c_2 + \ldots + c_n}$$

$\bar{x}_H$ hat dieselbe Maßeinheit wie die x_i.

Wir betrachten jetzt die eben erwähnten Summen der b_i bzw. c_i.
Einerseits ist die Summe der b_i wegen $\bar{x}_H = \frac{b_1+b_2+\ldots+b_n}{c_1+c_2+\ldots+c_n}$ gleich

$$b_1 + b_2 + \ldots + b_n = \bar{x}_H \cdot (c_1 + c_2 + \ldots + c_n) = \bar{x}_H \cdot c_1 + \bar{x}_H \cdot c_2 + \ldots + \bar{x}_H \cdot c_n$$

Andererseits ist die Summe der b_i wegen $b_i = x_i \cdot c_i$ gleich

$$b_1 + b_2 + \ldots + b_n = x_1 \cdot c_1 + x_2 \cdot c_2 + \ldots + x_n \cdot c_n$$

Vergleicht man die rechten Seiten, dann sieht man, dass man statt der n Werte x_i immer denselben Faktor $\bar{x}_H$ nehmen kann.

Bei der Summe der c_i ergibt sich analog:

$$c_1 + c_2 + \ldots + c_n = \frac{1}{\bar{x}_H} \cdot (b_1 + b_2 + \ldots + b_n) = \frac{b_1}{\bar{x}_H} + \frac{b_2}{\bar{x}_H} + \ldots + \frac{b_n}{\bar{x}_H}$$

und

$$c_1 + c_2 + \ldots + c_n = \frac{b_1}{x_1} + \frac{b_2}{x_2} + \ldots + \frac{b_n}{x_n}$$

Auch hier kann man statt der n Werte x_i immer denselben Nenner $\bar{x}_H$ nehmen.

In der Formel

$$\bar{x}_H = \frac{b_1 + b_2 + \ldots + b_n}{c_1 + c_2 + \ldots + c_n} = \frac{b_1 + b_2 + \ldots + b_n}{\frac{b_1}{x_1} + \frac{b_2}{x_2} + \ldots + \frac{b_n}{x_n}}$$

nennt man die b_i auch die **Gewichte des harmonischen Mittels** der x_i.
Sind alle b_i gleich, also $b_i = b$, so erhält man.

$$\bar{x}_H = \frac{b+b+\ldots+b}{\frac{b}{x_1}+\frac{b}{x_2}+\ldots+\frac{b}{x_n}} = \frac{1+1+\ldots+1}{\frac{1}{x_1}+\frac{1}{x_2}+\ldots+\frac{1}{x_n}} = \frac{n}{\frac{1}{x_1}+\frac{1}{x_2}+\ldots+\frac{1}{x_n}} = \frac{1}{\frac{1}{n}\left(\frac{1}{x_1}+\frac{1}{x_2}+\ldots+\frac{1}{x_n}\right)}.$$

Dieser Ausdruck wird auch (ungewichtetes) **harmonisches Mittel** genannt.
Sind dagegen alle c_i gleich, also $c_i = c$, so ergibt sich das ungewichtete arithmetische Mittel:

$$\bar{x}_H = \frac{b_1 + b_2 + \ldots + b_n}{c + c + \ldots + c} = \frac{b_1 + b_2 + \ldots + b_n}{n \cdot c} = \frac{1}{n} \cdot \left(\frac{b_1}{c} + \frac{b_2}{c} + \ldots + \frac{b_n}{c}\right)$$
$$= \frac{1}{n} \cdot (x_1 + x_2 + \ldots + x_n) = \bar{x}$$

Typische Beispiele für Größen, bei denen das gewichtete harmonische Mittel sinnvoll ist, sind Größen, die sich als Anzahl pro Anzahl (relative Häufigkeit), Preis pro Liter, km pro Stunde, etc. darstellen lassen. Dabei ist es am einfachsten, wenn man wie bei Tab. 4.2 zunächst eine Tabelle mit allen Größen b_i, c_i und x_i erstellt und dann $\bar{x}_H$ berechnet.

Beispiel

Beim Würfeln wurde die 6 vorgestern 12-mal bei insgesamt 100 Würfen, gestern mit einer relativen Häufigkeit von 18 % bei insgesamt 200 Würfen und heute 45-mal mit einer relativen Häufigkeit von 15 % geworfen (Siehe Tab. 4.3). Wie groß war die relative Häufigkeit der Sechsen insgesamt?

Tab. 4.3 600-maliges Würfeln

i	b_i	c_i	x_i
1	12	100	12 %
2	36	200	18 %
3	45	300	15 %
Summe	93	600	–

i kennzeichnet die einzelnen Tage
b_i sind die Anzahl Sechsen
c_i sind die Anzahl Würfe
$x_i = \frac{b_i}{c_i}$ sind die relativen Häufigkeiten, also Anzahl pro Anzahl

4.3 Harmonisches Mittel

Tab. 4.4 Tanken

i	b_i	c_i	x_i
1	72,00	40	1,80
2	87,50	50	1,75
3	64,75	35	1,85
Summe	224,25	125	-

i kennzeichnet einzelne Zeitpunkte
b_i sind die Kosten in €
c_i sind die Mengen in Liter
$x_i = \frac{b_i}{c_i}$ sind die Preise pro Liter

Offenbar kann man die drei Wurfserien auch als eine Wurfserie auffassen, also

$$\bar{x}_H = \frac{\text{Anzahl Sechsen insgesamt}}{\text{Anzahl Würfe insgesamt}} = \frac{12 + 36 + 45}{100 + 200 + 300} = \frac{93}{600} = 15,5\,\%$$

Die durchschnittliche Anzahl Sechsen pro 100 Würfe war also 15,5 und das ist das gewichtete harmonische Mittel der x_i.

Hätte man an jedem Tag eine relative Häufigkeit von 15,5 % bei den Sechsen gehabt, wäre das Gesamtergebnis dasselbe, nämlich 93 Sechsen bei 600 Würfen. Das ist rechnerisch korrekt, aber natürlich kann man bei 100 Würfen nicht 15,5 Sechsen würfeln. ◄

Beispiel

Man tankt dreimal gemäß Tab. 4.4. Offenbar kann man das auch als einen Tankvorgang auffassen, also

$$\bar{x}_H = \frac{\text{Gesamtkosten}}{\text{Gesamtmenge}} = \frac{72,00 + 87,50 + 64,75}{40 + 50 + 35} = 1,794\,[\text{€}/l]$$

Der durchschnittliche Preis von 1,794 €/Liter ist das gewichtete harmonische Mittel der x_i. Hätte man an jedem Tag zu einem Preis von 1,794 €/Liter getankt, so wären die Gesamtkosten ebenfalls 224,25 € gewesen. ◄

4.4 Median

In Abschn. 2.2 hatten wir gesehen, dass es drei Verwendungsarten von Zahlen gibt: Identifikation, Bewertung und Messung. Einen Median kann man bei einer Liste von Größen, die zur Bewertung oder Messung dienen, bestimmen.

Median
Gegeben ist eine Liste von Größen mit einer aufsteigenden Sortierung: $x_1 \leq x_2 \leq \ldots \leq x_n$.
Der **Median** $\tilde{x}$ ist dann die Größe, die bei dieser Sortierung in der Mitte steht, d. h., links und rechts des Medians stehen gleich viele Größen.

Liegt eine ungerade Anzahl von Größen vor, so ist der Median die mittlere Größe in der Sortierung, also.

$$\tilde{x} = x_{0,5 \cdot (n+1)}, \textbf{falls n ungerade}$$

Hat man dagegen eine gerade Anzahl von Größen, so ist der Median das arithmetische Mittel der mittleren beiden Größen, also.

$$\tilde{x} = 0,5 \cdot (x_{0,5 \cdot n} + x_{0,5 \cdot n+1}), \textbf{falls n gerade}$$

Beispiel

Hat man die Liste 23, 56, 4, 33, 45, 1, 9, so ergibt die Sortierung

$$1, 4, 9, 23, 33, 45, 56$$

n = 7 ist ungerade, die mittlere Zahl ist

$$\tilde{x} = x_{0,5 \cdot (7+1)} = x_4 = 23$$

Links stehen die 3 Zahlen x_1 bis x_3, rechts stehen die 3 Zahlen x_5 bis x_7 und $\tilde{x}$ ist dazwischen.

Hat man aber die Liste 56, 99, 10, -23, 35, 23, 7, -42, so ergibt die Sortierung.

$$-42, -23, 7, 10, 23, 35, 56, 99$$

4.4 Median

$n = 8$ ist gerade, in der Mitte sind die beiden Zahlen $x_{0,5 \cdot 8} = x_4 = 10$ und $x_{0,5 \cdot 8 + 1} = x_5 = 23$. Also ist

$$\tilde{x} = 0,5 \cdot (x_4 + x_5) = 0,5 \cdot (10 + 23) = 16,5$$

Links stehen die 4 Zahlen x_1 bis x_4, rechts stehen die 4 Zahlen x_5 bis x_8 und $\tilde{x}$ ist dazwischen. ◂

Beispiel

Im Dorf A mit 5 Familien betrage das Vermögen der einzelnen Familien 100.000 €, 130.000 €, 140.000 €, 160.000 €, 180.000 €, im Nachbardorf B mit ebenfalls 5 Familien 130.000 €, 150.000 €, 150.000 €, 160.000 €, 10.000.000 €. Die arithmetischen Mittel und Mediane sind dann:
Dorf A:

$$\bar{x} = \frac{1}{5}(100.000 + 130.000 + 140.000 + 160.000 + 180.000) = 142.000 \ [€]$$

$\tilde{x} = 140.000 \ [€]$

Dorf B:

$$\bar{x} = \frac{1}{5}(130.000 + 150.000 + 150.000 + 160.000 + 10.000.000) = 2118.000 \ [€]$$

$\tilde{x} = 150.000 \ [€]$

Die arithmetischen Mittel unterscheiden sich sehr stark, die Mediane nur relativ gering. ◂

Beispiel

Im Dorf A mit 5 Familien betrage das Vermögen der einzelnen Familien 100.000 €, 130.000 €, 4000.000 €, 4100.000 €, 6500.000 €, im Nachbardorf B mit ebenfalls 5 Familien 130.000 €, 150.000 €, 150.000 €, 6000.000 €, 8500.000 €. Die arithmetischen Mittel und Mediane sind dann
Dorf A:

$$\bar{x} = \frac{1}{5}(100.000 + 130.000 + 4000.000 + 4100.000 + 6500.000) = 2966.000 \ [€]$$

$\tilde{x} = 4000.000 \ [€]$

DorfB:

$$\bar{x} = \frac{1}{5}(130.000 + 150.000 + 150.000 + 6000.000 + 8500.000) = 2986.000\ [€]$$

$\tilde{x} = 150.000\ [€]$

Die arithmetischen Mittel unterscheiden sich nur relativ geringfügig, aber die Mediane unterscheiden sich sehr stark. ◄

Beispiel

Nimmt man die natürlichen Zahlen von 1 bis n (n ungerade), so sind Median und arithmetisches Mittel gleich. Ist z. B. n = 1001, so ergibt sich

$$\bar{x} = \frac{1}{1001}(1 + 2 + \ldots + 1001) = \frac{1}{1001} \cdot \left(\frac{1}{2} \cdot 1001 \cdot 1002\right) = 501$$

$\tilde{x} = x_{0,5 \cdot (1001+1)} = x_{501} = 501$ ◄

Sind die Größen also einigermaßen gleichmäßig verteilt, so sind arithmetisches Mittel und Median sehr ähnlich. Ansonsten können sie sich sehr stark voneinander unterscheiden.

Streumaße 5

Streumaße geben an, wie stark die Beobachtungswerte verstreut sind. Ein kleiner Wert gibt an, dass die Beobachtungswerte dicht beieinanderliegen, während ein großer Wert angibt, dass die Beobachtungswerte weit verteilt sind.

Beispiel

Bei der Produktion von Motorkolben sind nur sehr geringe Streuungen um den vorgegebenen Wert für den Durchmesser zulässig, um später einen sicheren Betrieb des Motors zu gewährleisten. ◄

Beispiel

Bei mehreren Schüssen treffen gute Schützen die Scheibe mit wenig Streuung um den Scheibenmittelpunkt, während bei schlechten Schützen die Streuung groß ist. ◄

Es gibt eine Vielzahl von Streumaßen. Einige davon werden im Folgenden mit ihren Eigenschaften kurz dargestellt.

Spannweite

Das einfachsten Streumaß ist die **Spannweite**. Die Spannweite ist einfach die Differenz zwischen größtem und kleinstem Beobachtungswert, also bei aufsteigender Sortierung:

$$R = x_n - x_1$$

Die Spannweite ist zwar sehr einfach zu berechnen, hat aber den Nachteil, dass sie nur von zwei Werten abhängig ist. Alle anderen Werte können beliebig verteilt sein, ohne dass dies die Spannweite beeinflusst.

Will man bei der Bestimmung einer Streuung alle Werte einbeziehen, so ist am naheliegendsten, einfach das arithmetische Mittel aller Abweichungen von einem bestimmten Wert zu berechnen. Ist dieser bestimmte Wert das arithmetische Mittel der Beobachtungswerte, so ergibt sich für die Streuung:

$$s = \frac{1}{n}((\overline{x} - x_1) + (\overline{x} - x_2) + \ldots + (\overline{x} - x_n)) = \frac{1}{n} \cdot 0 = 0$$

Die Differenzen heben sich also gegenseitig auf und man hat nichts gewonnen. Sinnvoller ist daher, die Differenzen positiv zu machen, also Betragsstriche zu verwenden oder zu quadrieren.

Mittlere absolute Abweichung

Die **mittlere absolute Abweichung** der n Werte $x_1, \ldots, x_n$ von einem Wert M ist definiert als das arithmetische Mittel aller betragsmäßigen Abweichungen von M, also

$$s_M = \frac{1}{n}(|x_1 - M| + \ldots + |x_n - M|)$$

s_M gibt also an, wie stark sich die einzelnen Werte durchschnittlich von M (betragsmäßig) unterscheiden.

Es ist naheliegend, zusätzlich zum Mittelwert $\overline{x}$ auch die mittlere absolute Abweichung von $M = \overline{x}$ zu berechnen, damit man einen Eindruck gewinnt, wie stark sich die Einzelwerte vom Mittelwert unterscheiden. Dabei muss man nicht alle Differenzen berücksichtigen, maximal die Hälfte davon reicht auch, wie wir jetzt zeigen werden.

Die Werte x_i seien aufsteigend sortiert. Dann gibt es einen Index k, sodass

$$x_1 \leq \ldots \leq x_k \leq \overline{x} \leq x_{k+1} \leq \ldots \leq x_n$$

ist, denn irgendwo zwischen dem kleinsten und dem größten Wert der x_i muss $\overline{x}$ liegen.

Dann ist
$|x_i - \overline{x}| = \overline{x} - x_i$ für $i \leq k$, denn $\overline{x}$ ist größer als die kleinen Werte
$|x_i - \overline{x}| = x_i - \overline{x}$ für $i > k$, denn $\overline{x}$ ist kleiner als die großen Werte
Damit können wir die Betragsstriche auflösen und erhalten

$$s_{\overline{x}} = \frac{1}{n}((\overline{x} - x_1) + \ldots + (\overline{x} - x_k) + (x_{k+1} - \overline{x}) + \ldots + (x_n - \overline{x}))$$

5 Streumaße

Bei der Herleitung des arithmetischen Mittels in Abschn. 4.1 hatten wir die Gleichung

$$(\overline{x} - x_1) + (\overline{x} - x_2) + \ldots + (\overline{x} - x_n) = 0$$

gehabt. Etwas ausführlicher kann man das schreiben als

$$(\overline{x} - x_1) + \ldots + (\overline{x} - x_k) + (\overline{x} - x_{k+1}) + \ldots + (\overline{x} - x_n) = 0$$

oder

$$(\overline{x} - x_1) + \ldots + (\overline{x} - x_k) = (x_{k+1} - \overline{x}) + \ldots + (x_n - \overline{x})$$

Alle Summanden links und rechts sind nicht negativ, sodass keine Betragsstriche benötigt werden.

Das können wir in die letzte Gleichung für $s_{\overline{x}}$ einsetzen und erhalten folgende vereinfachte Formeln:

$$s_{\overline{x}} = \frac{1}{n}((\overline{x} - x_1) + \ldots + (\overline{x} - x_k) + (\overline{x} - x_1) + \ldots + (\overline{x} - x_k))$$

$$s_{\overline{x}} = \frac{2}{n}((\overline{x} - x_1) + \ldots + (\overline{x} - x_k))$$

und

$$s_{\overline{x}} = \frac{1}{n}((x_{k+1} - \overline{x}) + \ldots + (x_n - \overline{x}) + (x_{k+1} - \overline{x}) + \ldots + (x_n - \overline{x}))$$

$$s_{\overline{x}} = \frac{2}{n}((x_{k+1} - \overline{x}) + \ldots + (x_n - \overline{x}))$$

Maximal die Hälfte der Differenzen reicht also zur Berechnung aus.

Beispiel

In Tab. 5.1 ist die Betriebszugehörigkeit von 7 Personen in einer Abteilung beschrieben. Die durchschnittliche Betriebszugehörigkeit in Jahren ist

$$\overline{x} = \frac{2 + 5 + 4 + 3 + 6 + 1 + 28}{7} = 7$$

Dann ist in den vereinfachten Formeln $k = 6$ und $n = 7$ und es ergibt sich mit der …

… ursprünglichen nicht vereinfachten Formel:

$$s_{\overline{x}} = \frac{1}{7} \cdot (|2 - 7| + |5 - 7| + |4 - 7| + |3 - 7| + |6 - 7| + |1 - 7| + |28 - 7|)$$

$$= \frac{1}{7} \cdot 42 = 6$$

Tab. 5.1 Betriebszugehörigkeit

Person	A	B	C	D	E	F	G
Jahre	2	5	4	3	6	1	28

... ersten vereinfachten Formel:

$$s_{\overline{x}} = \frac{2}{7} \cdot ((7-2) + (7-5) + (7-4) + (7-3) + (7-6) + (7-1))$$
$$= \frac{2}{7} \cdot 21 = 6$$

... zweiten vereinfachten Formel:

$$s_{\overline{x}} = \frac{2}{7} \cdot (28-7) = \frac{2}{7} \cdot 21 = 6$$

Benutzt man die zweite vereinfachte Formel, so hat man den mit Abstand geringsten Aufwand zur Berechnung von $s_{\overline{x}}$. ◄

Varianz oder mittlere quadratische Abweichung
Eine andere Methode, um die einzelnen Abweichungen positiv zu machen, ist das Quadrieren. Damit erhält man die **Varianz** oder **mittlere quadratische Abweichung vom arithmetischen Mittel**:
σ ist das kleine griechische Sigma.

$$\sigma^2 = \frac{1}{n} \cdot \left((x_1 - \overline{x})^2 + \ldots + (x_n - \overline{x})^2 \right)$$

Der Vorteil der Varianz ist, dass manche Rechenoperationen – wie z. B. das Ableiten – etwas einfacher als bei der mittleren absoluten Abweichung durchgeführt werden können. Der Nachteil ist, dass die Dimension der Varianz das Quadrat der Dimensionen der Beobachtungswerte ist, also im Allgemeinen nicht sinnvoll interpretiert werden kann. Haben die Beobachtungswerte z. B. die Dimension €, so hat σ^2 die Dimension €². Dieses Problem umgeht man, indem man zusätzlich die Wurzel zieht.

Standardabweichung
Die **Standardabweichung vom arithmetischen Mittel** ist definiert als

$$\sigma = \sqrt{\frac{1}{n} \cdot \left((x_1 - \overline{x})^2 + \ldots + (x_n - \overline{x})^2 \right)}$$

5 Streumaße

Der Vorteil gegenüber der Varianz ist, dass dieselbe Dimension wie bei den Beobachtungswerten vorliegt. Der Name Standardabweichung drückt aus, dass dieses Maß besonders häufig für Streuungen benutzt wird, also Standard ist.

Beispiel

Gemäß ● Tab. 5.1 ergibt sich mit $\bar{x} = 7$ und $n = 7$

$$\sigma^2 = \frac{1}{7} \cdot \left((2-7)^2 + (5-7)^2 + (4-7)^2 + (3-7)^2 + (6-7)^2 + (1-7)^2 + (28-7)^2\right)$$

$$\sigma^2 = \frac{1}{7} \cdot (25 + 4 + 9 + 16 + 1 + 36 + 441) = \frac{532}{7} = 76$$

$$\sigma = \sqrt{76} \approx 8{,}72$$

Im Vergleich dazu hatten wir bereits berechnet

$$s_{\bar{x}} = 6 \blacktriangleleft$$

▶ Im Beispiel Betriebszugehörigkeit (Tab. 5.1) ist $s_{\bar{x}} \leq \sigma$. Man kann beweisen, dass diese Ungleichung grundsätzlich immer gilt.

Klassierungen ohne spekulative Annahmen 6

Oft wird bei Umfragen nur abgefragt, in welchem Intervall sich ein bestimmter Wert befindet.

Wird z. B. gefragt „Wie hoch ist Ihr Jahreseinkommen?", so soll man nicht den exakten Wert angeben, sondern nur ein Intervall ankreuzen, also z. B. „zwischen 10.000 und 20.000 €". Der Bereich der Einkommen wird also in einzelne Intervalle eingeteilt.

Klassierung
Es ist manchmal zweckmäßig, den gesamten Bereich der Beobachtungswerte in Intervalle einzuteilen. Diese Intervalle dürfen sich nicht überschneiden und müssen alle möglichen Beobachtungswerte abdecken. Jeder Beobachtungswert liegt dann in genau einem Intervall. Eine solche Einteilung heißt eine **Klassierung** oder **Klasseneinteilung.** Die Einzelintervalle heißen auch **Klassen.** Jeder Klasse wird lediglich die Anzahl der darin befindlichen Beobachtungswerte zugeordnet, nicht aber die konkreten Beobachtungswerte.

Da man für die Werte nur Intervalle hat, können logischerweise für alle daraus abgeleiteten Werte wie z. B. Mittelwerte oder Streumaße auch nur Intervalle angegeben werden.

> **Beispiel**
>
> Es wurden 100 Personen nach der Anzahl der Urlaubstage (einschließlich Sonn- und Feiertage), die sie im vergangenen Jahr im Ausland verbracht hatten, gefragt, siehe Tab. 6.1. Dabei wurden nur Personen mit weniger als 45 Urlaubstagen berücksichtigt.

Tab. 6.1 Urlaubstage

Intervall	Mitte	Anzahl
[0; 5)	2,5	27
[5; 10)	7,5	33
[10; 20)	15,0	32
[20; 45)	32,5	8

Anzahl Urlaubstage bei 100 befragten Personen

Die Untergrenze für das arithmetische Mittel erhält man, indem man annimmt, dass alle Werte an den unteren Intervallgrenzen liegen, analog für die Obergrenze. Damit ergibt sich
Untergrenze für $\bar{x} = \frac{1}{100}(27 \cdot 0 + 33 \cdot 5 + 32 \cdot 10 + 8 \cdot 20) = 6{,}45$
Obergrenze für $\bar{x} = \frac{1}{100}(27 \cdot 5 + 33 \cdot 10 + 32 \cdot 20 + 8 \cdot 45) = 14{,}65$
Damit folgt für das arithmetische Mittel:

$$6{,}45 \leq \bar{x} < 14{,}65$$

Dieses Intervall für $\bar{x}$ ist unverbesserbar, da $\bar{x}$ die Untergrenze erreichen bzw. (theoretisch) beliebig dicht an die Obergrenze kommen kann. ◄

In manchen Büchern oder Videos wird eine andere Methode angewendet, die aber problematisch und daher praktisch (fast) nicht nutzbar ist. Statt wie in der obigen Berechnung des Intervalls nichts wegzulassen und nichts hinzuzudichten, werden dort zum einen die Informationen über die Breite der Intervalle ignoriert und zum anderen wird zusätzlich angenommen, dass das arithmetische Mittel der Werte jeder Klasse in der jeweiligen Klassenmitte liegt. Das Problem ist, dass nichts darüber bekannt ist, inwieweit diese Annahmen mit der Realität übereinstimmen.

Berücksichtigt man diese spekulativen Annahmen, so kann man für die Berechnung von $\bar{x}$ jeden Beobachtungswert durch die jeweilige Intervallmitte ersetzen. Man erhält so einen ungefähren Wert für $\bar{x}$, also im Beispiel

$$\bar{x} \approx \frac{1}{100}(27 \cdot 2{,}5 + 33 \cdot 7{,}5 + 32 \cdot 15 + 8 \cdot 32{,}5) = 10{,}55$$

Das Problem bei dieser Methode ist, dass völlig unklar bleibt, wie stark der tatsächliche Wert von 10,55 abweicht. Liegt $\bar{x}$ vielleicht zwischen 10,5 und 10,6? Oder irgendwo zwischen 3 und 18,1? Man weiß es nicht.

6 Klassierungen ohne spekulative Annahmen

Mit der eingangs dargestellten Methode kann man dagegen den maximal möglichen Fehler eindeutig bestimmen.
Aus
$$6{,}45 \leq \bar{x} < 14{,}65$$
folgt
$$10{,}55 - 4{,}1 \leq \bar{x} < 10{,}55 + 4{,}1$$
Man kann also auch schreiben:
$\bar{x} \approx 10{,}55$, wobei der Fehler maximal $\pm 4{,}1$ beträgt.
Genauer: nach unten kann der Fehler bis zu 4,1 sein, nach oben ist er kleiner als 4,1.

Lässt man diese Fehlerangaben weg, so kann man in der Praxis mit $\bar{x} \approx 10{,}55$ nichts anfangen.

Die Berechnung des Intervalls für eine Streuung ist wesentlich aufwendiger und daher hier nicht behandelt.

Was Sie aus diesem *essential* mitnehmen können

- Statistik und Informatik befassen sich mit der Erfassung, Verarbeitung und Präsentation von Daten, sodass manche grundlegende Begriffe sehr ähnlich sind
- Definiert man Häufigkeiten auf Basis von Mengen, so ist der Übergang zu Wahrscheinlichkeiten besonders einfach
- Hypergeometrische Verteilung und Binomialverteilung sind praktisch gesehen Formeln für relative Häufigkeiten und so einfacher interpretierbar
- Mittelwerte ersetzen in einem bestimmten Kontext die verschiedenen Einzelwerte
- Bei Klassierungen kann man zu unverbesserbaren Aussagen kommen, ohne Spekulatives hinzuzufügen oder Informationen wegzulassen

Literatur

Brockhaus. (1868). *Allgemeine deutsche Real-Encyklopädie für die gebildeten Stände. Conversations-Lexikon.* F. A. Brockhaus.

Hable, R. (2015). *Einführung in die Stochastik.* Springer Spektrum.

Meyer. (1909). *Meyers Konversations-Lexikon, Band 18 (Schöneberg – Sternbedeckung)* (6. Aufl.). Bibliographisches Institut.

Stegen, R. (2020). *Wahrscheinlichkeit – Mathematische Theorie und praktische Bedeutung.* Springer Spektrum.

Stegen, R. (2021). *Stochastik ohne Zufall und Wahrscheinlichkeit.* Springer Spektrum.

von Mises, R. (1928). *Wahrscheinlichkeit, Statistik und Wahrheit.* Verlag von Julius Springer.

The manufacturer's authorised representative in the EU is Springer Nature Customer Service Centre GmbH, Europaplatz 3, 69115 Heidelberg, Germany. If you have any concerns regarding our products, please contact ProductSafety@springernature.com

Printed and bound by CPI Group (UK) Ltd, Croydon, CR0 4YY
23/03/2026
02076400-0007